· 经 典 润 泽 生 命 ·

孝经

插图版

于江山◎主编

（春秋）孔子◎著

陈书凯◎编译

中国纺织出版社

内 容 提 要

“孝”是儒家伦理思想的核心，是千百年来中国社会维系家庭关系的道德准则，是中华民族的传统美德。本书除了收录《孝经》之外，还附加了《二十四孝》的图片及文字，并且在阐释《孝经》的过程中精选了《百孝故事》作为例证，希望可以通过这些故事更好地使孝的真谛从经典走向生活。

图书在版编目（CIP）数据

孝经：插图版 /（春秋）孔子著；陈书凯编译．—北京：中国纺织出版社，2015.1（2024.1重印）

ISBN 978－7－5180－1032－5

Ⅰ.①孝… Ⅱ.①孔… ②陈… Ⅲ.①家庭道德—中国—古代②《孝经》—译文 Ⅳ.①B823.1

中国版本图书馆 CIP 数据核字（2014）第 227001 号

责任编辑：李　猛　　特约编辑：李瑞瑞　　责任印制：储志伟

中国纺织出版社出版发行

地址：北京市朝阳区百子湾东里 A407 号楼　邮政编码：100124

销售电话：010—67004422　传真：010—87155801

http：//www. c－textilep. com

E-mail：faxing@ c－textilep. com

中国纺织出版社天猫旗舰店

官方微博 http：//weibo. com/2119887771

北京兰星球彩色印刷有限公司　各地新华书店经销

2015 年 1 月第 1 版　2024 年 1 月第 5 次印刷

开本：710×1000　1/16　印张：14

字数：99 千字　定价：39.80 元

凡购本书，如有缺页、倒页、脱页，由本社图书营销中心调换

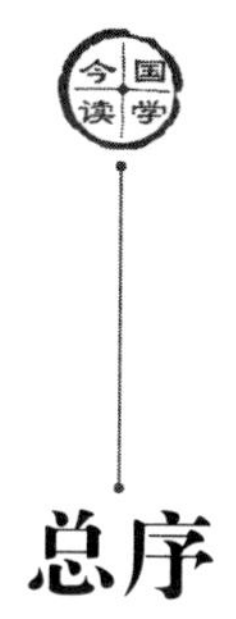

总序

国学的本来与未来

对于中华民族来说，迄今为止的大事因缘，莫过于国家的命运——诞生、跋涉、传衍和弘扬，当然也包括国破家败与绝处逢生。从这个意义上讲，国学的命运也就是中华民族的命运。

国学潮之所以汗漫于21世纪初叶的中国，是因为其内生的属性契合了民族复兴的强烈诉求。这一波潮涌不是返祖而是进化，承载着一系列厚本厚生、资治化民、与时偕行的历史使命，其目标麾指人类文明的又一巅峰。

红尘滚滚的世俗显然对国学大潮的浪迭涛涌缺乏理性的应对预案。于是在价值多元的当下社会，国学便被推向了纷纭披拂的“春秋战国”。红艳艳的国学大旗随风飘扬起来，很少想到自己为什么这样红。

今天我们传承着国学的本来，于是就有了这套插图版的国学经典系列。

我们知道国学经典浩如烟海，“累世不能通其学，当年不能究其礼”。所以我们选择了一个力所能及的方向和规模。当然也可以做得更大，但我们宁愿选择做得更精。我们像双手掬捧着祖先的遗惠，虔诚而勤勉地加以拂拭、点饰、悟析和解读，力图让这些千年经典焕发出时代的清辉。从这十几本入选经典中，我们不难看到国学经典为我们提供的精神资源和思维向度：

一、生生不息的变易之道；

二、居安思危的忧患意识；

三、安贫乐道的幸福观；

四、自强不息的进取观；

五、厚德载物的道德观；

六、民为邦本的政治哲学；

七、和而不同的和谐理念；

八、阴阳互生的发展观；

九、义利统一的价值观；

十、天人合一的宇宙观；

十一、知行合一的学统；

十二、资治化民的宗旨和践行。

而这些，都已化成了中华民族的文化基因，成为中华民族伟大复兴的精神渊薮。

至于国学的未来，我们认为：就是践履国学智慧的大众化、现代化和生活化。这同时是我们推广国学的最终目标，当然也是我们推出本书系的重要宗旨。能以本书系的出版来助推国学潮的澎湃，是我们莫大的荣幸。

参与这项工程的诸多同人的敬业精神不止一次让我感动倾情。我一直认为我们这一书系在众多同类出版物中毫不愧恧，因为在统稿的过程中我读出了底蕴、良知和用心。没有什么能比得上这样强大的支撑了。所以我满怀欣悦地向读者推荐我们的插图版经典读本。这是一套继往开来的书系，伴随着国学的本来走向未来。

于江山　甲午之秋

朝秦暮楚地　巴山夜雨中

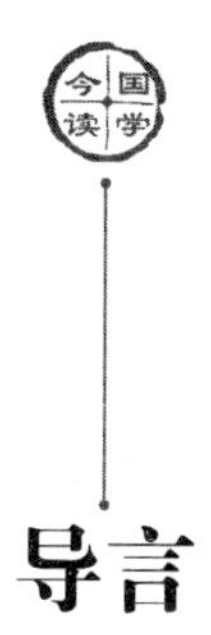

导言

从某种意义上讲，中国传统文化可称为孝文化。传统的中国社会，是植根于孝道之上的社会，因而孝道是中华文明区别于古希腊、罗马文明和印度文明的重大文化现象之一。在传统的中国社会与文化中，孝文化是中国文化的核心观念与首要文化精神，是中国文化的显著特色之一。

“孝”字源于中国古代的甲骨文，距今已有四千多年的历史，其原意为“奉先思孝”。据文献记载，孝大约产生或大兴于周代，其初始意指尊祖敬宗、报本反始和生儿育女、延续生命。至孔子，孝从其宗教与哲学意义转化为“善事父母” 的纯粹伦理意义，从宗族道德转化为家族道德，至《孝经》逐渐形成一整套关于孝的理论。

孝文化在其演化进程中，不能不打上时代和阶级的烙印，不能不形成民主性的精华与封建性的糟粕共存的局面。但就孝文化的整体而言，其基本的方面应当肯定，主要的方面在当代中国经济和社会的发展中，仍然有着积极的意义。

《孝经》这部书，据说是曾子问孝于孔子，退而和学生们讨论研究，由学生们记载而成的一部书。吕维祺《孝经或问》中称："孝经为何而作也？曰，以阐发明王以孝治天下之大经大法而作也。"《汉书 · 艺文志》上说："夫孝，天之经、地之义、民之行也，举大者言，故曰《孝经》。"这是中国人自古以来社会上奉为圭臬，人人所应遵守的德目。

《孝经》一书，全文共为十八章，将社会上各种阶层的人士——上自国家元首，下至平民百姓，分为五个层级，而就各人的地位与职业，标示出其实践孝亲的法则与途径。这是自古以来读书人必读的一本书，所以被列为"十三经"之一。

《孝经》作为儒家经典之一，不仅有它的文学和文化价值，更具备了宣扬孝道、净化心灵的精神和社会价值。

我们编写《孝经》的目的不仅仅是为了向读者展示国学的巨大魅力，更是为了使读者通过对《孝经》的阅读，提高对孝文化的认识，从而提炼出中华民族传统文化中值得发扬光大的精神，转变现代人对传统文化的消极看法。传统文化并非糟粕，只要我们与时俱进地去理解它，就会赋予它很多适应现代社会发展的积极内涵。

本书中，除了收入《孝经》之外，还附加了《二十四孝》的图片及文字，并且在阐释《孝经》的过程中精选了《百孝故事》作为例证，希望通过这些故事更好地将《孝经》的内容阐发开去，帮助读者更好地理解。

另外，在书的最后加入了朗朗上口的《劝孝歌》和《劝报亲恩篇》来供大家诵读，使孝真正地从经典走向生活。

编译者

2014 年 9 月

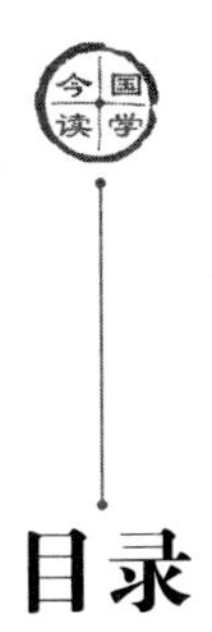

目录

开宗明义章第一 / 1

天子章第二 / 9

诸侯章第三 / 17

卿大夫章第四 / 25

士章第五 / 33

庶人章第六 / 41

三才章第七 / 49

孝治章第八 / 57

圣治章第九 / 65

纪孝行章第十 / 75

五刑章第十一 / 85

广要道章第十二 / 91
广至德章第十三 / 97
广扬名章第十四 / 105
谏诤章第十五 / 113
感应章第十六 / 121
事君章第十七 / 129
丧亲章第十八 / 135

附录

附录一　二十四孝图 / 144
附录二　劝孝歌 / 191
附录三　劝报亲恩篇 / 194

参考文献 / 211

孝经

插图版

开宗明义章第一

【原文】

仲尼居，曾子侍。

【译文】

一天，孔子在家里闲坐，他的弟子曾参陪坐在他的旁边。

【原文】

子曰："先王有至德要道，以顺天下，民用和睦，上下无怨。汝知之乎？"

【译文】

孔子说："古代的帝王有一种崇高至极的品行和道德，使天下人心归顺，人民和睦相处。上自天子，下至庶人，都没有怨恨不满。你知道吗？"

百孝图·比迹茅容

【原文】

曾子避席，曰："参不敏，何足以知之？"

【译文】

曾子肃然起敬，离开自己的座位，站起来回答说："学生不够聪敏，怎么会知道其中的深奥呢？"

【原文】

子曰："夫孝，德之本也，教之所由生也。复坐，吾语汝！身体发肤，受之父母，不敢毁伤，孝之始也。立身行道，扬名于后世，以显父母，孝之终也。夫孝，始于事亲，中于事君，终于立身。"

【译文】

于是孔子就告诉他说："所谓的孝，是一切德行的根本，也是教化产生的根源。你回到原来位置坐下，我慢慢地告诉你。人的身体四肢、毛发皮肤，都是父母赋予的，所以你就应当体念父母疼爱儿女的心，保护自己的身体，不让它受到丝毫的损坏，这就是孝道的开始。一个自强独立的人，不为外界利欲所摆布，那他一定有一个好人格，这就是立身。他做事情，走正道，不越轨，不妄行，有始有终，这就是行道。他的人格道德为众人所景仰，其名誉不仅当世被传诵，且将要名扬于后世。这样一来，他父母的声名，也因儿女的德望而显赫荣耀起来，这便是孝道的终极目标。这个孝道，最初是从侍奉父母开始，然后效力于国君，最终建功立业，功成名就。"

百孝图·兵乱守母

百孝图·不违酒约

【原文】

“《大雅》云：‘无念尔祖，聿修厥德。’”

【译文】

“《诗经·大雅·文王》中说：‘怎能不追念你祖父文王的德行呢？你要先修炼你自己的德行，才能继续他的德行。’这样，才算是尽到了大孝。”

【评析】

孝经开篇以孔子与弟子曾参闲谈的方式，提出孝道的几个层次，最初是从侍奉父母开始，然后效力国君，最终建功立业，功成名就。这章作为整部孝经的纲领的确起到了开宗明义的作用，揭示了整部孝经的宗旨。

鲁恭——待弟成名

鲁恭，字仲康，东汉陕西人。父亲曾任光武帝时的武郡太守多年，后因病逝世。鲁恭当时只有 12 岁，弟弟鲁丕仅 7 岁。他们从早哭到晚，也拒绝接受官府的救济。回老家把父亲安葬之后，两个孩子全心全意地为父亲守丧，极尽礼节之备，甚至有很多事情比大人们想得还要周全。乡亲们都很佩服这两个孩子。服丧三年期满，鲁恭已经15岁了，他和母亲、弟弟三人相依为命，住在太学，闭门读书。兄弟俩学习认真、勤奋，因此，进步都很快，也受到人们的普遍称赞。官府得知了鲁恭的才华很出众，屡次请他做官，但鲁恭却有自己的考虑而屡屡拒绝。他认为，弟弟年纪尚小，如果自己先奔赴功名，那就不能每天鞭策弟弟进取，会影响弟弟的进步。所以他想等到弟弟成名立业那一天，再施展自己的抱负。所以，每次都借口自己身体不好，不能胜任官府工作。

百孝图·待弟成名

母亲知道其中缘由，要求他必须去当官做事。无奈之下，鲁恭只好去新丰教书。终于等到弟弟鲁丕被举为孝廉的那一天，鲁恭才改变以往的态度，到官府作了一名郡吏。

人对功名利禄的向往与追求古已有之，传统社会也是以此来判别孝道的层次。对于像鲁恭这样的人来说，他的隐忍之心是很难得的。他并不是淡泊名利之人，但他是以另一种方式去追求他的名利。母亲让他做官，他则去当了教师，这并不是他不孝顺，也不是他不想当官，而是他以自己的行为来鞭策弟弟跟他一起进取的一种手段。

一荣俱荣，一损俱损，他是一个很识大体、目光长远的人。他知道只有他和弟弟两个人都功成名就了，才算是真正尽到了完美的孝道，才会真正地光宗耀祖，才能让唯一活着的高堂老母没有遗憾。“孝”的长远，才能“笑”的长久；“笑”到最后才能算是真正的“孝”！

茅容——收鸡奉母

茅容，字季伟，东汉河南陈留人。茅容40岁时，还是个耕田种地的农夫，靠自己辛勤的劳作奉养母亲，风雨不误。有一天，在耕种时，突然天降大雨，他被困在了一棵大树下。其他来躲雨的同龄人都站没站相，坐没坐相，谈吐粗俗，只有茅容一人穿着整洁，坐姿端正。这时，名士郭林宗路经此地。郭林宗博通经典，广收门徒，有弟子千人。他发现茅容气质不凡，就主动与茅容交谈，结果二人非常投缘，相谈甚欢，不知不觉天就黑了，于是随茅容回家住宿。次日清晨，郭林宗见茅容杀鸡炖汤，以为是要款

百孝图·收鸡奉母

待自己，没想到茅容却把炖熟的鸡分成两份，一份给他的母亲吃，另一份则收了起来；用来招待自己的只是山肴野蔬。郭林宗意识到茅容把好东西留给母亲的孝心，深受感动，并大加赞赏：“真是一位难得的贤人啊！我要和你做朋友，以后常常来往。只要你愿意，就可以跟我学习圣贤之道。”后来茅容在郭林宗的指导下，成为了一名学问品行并重的人。

把好东西让给父母享用，这是一个最简单不过的行为，可真正能做到的年轻人又有几个？茅容以他的实际行动为我们所有子女上了一堂孝道课。百善孝当先，一个人的成功不仅仅只源于个人的努力，高尚的品德才是铸就一个人人格的根本，而这种品德的铸就是从孝敬父母开始的。

杨成章——半钱寻母

杨成章，明朝道州人。父亲杨泰是浙江长亭巡检，因妻子何氏没有孩子，所以纳丁氏女为妾，并生下了杨成章。成章 4 岁的时候，杨泰就去世了。丁氏的父亲把成章交给何氏，带走了女儿丁氏。丁氏走之前把一枚银钱一分为二，自己和何氏一人留一半，等成章长大之后，好让何氏把那一半给他。六年过去了，何氏临死前，把半钱的来历告诉了成章，并交给了他。成章悲伤地接过那半枚银钱。长大成人后，成章结婚一个月，就拿着半个银钱到浙江去寻找生母丁氏。生母已经改嫁到了东阳郭家，并生有一子郭珉。成章不知道此事，到处寻找原来的丁氏，自然找不到了。同时，丁氏也在四处

百孝图·半钱寻母

打听成章的下落。后来，她终于知道成章中了秀才，就让郭珉带着自己珍藏的半枚银钱去找哥哥。兄弟俩终于在江西相遇了，各自拿出半枚银钱合二为一。二人心头百感交集，拥抱相认。成章随弟弟去东阳看望生母，并欲接生母回自己家，但是母亲没有同意。后来多次迎接，也没有成功。成章并不气馁，他放弃了求学的机会，到东阳一心奉养母亲。母亲去世后，成章和弟弟郭珉先后到京城做了官。当时的皇帝得知这件事，特别下诏书封成章为国子学录，还赐给郭珉许多花红羊酒。

建功立业固然重要，但是在一个孝子心中，首先是先侍奉好自己的父母。“父母在不远游”，这是中国的一句古话，一个连自己父母都不孝敬的人又如何会对国家尽忠呢？所以“孝”是一个人事业的起点，只有在家庭尽到了孝的义务，才能更好地服务社会、成就自身。

天子章第二

百孝图·不食槟榔

【原文】

子曰："爱亲者，不敢恶于人；敬亲者，不敢慢于人。爱敬尽于事亲，而德教加于百姓，刑于四海。盖天子之孝也。"

【译文】

孔子说："能够爱护自己父母的人，就不会厌恶别人的父母；能够尊敬自己父母的人，也不会怠慢别人的父母。以亲爱恭敬的心情尽心尽力地侍奉双亲，这样其德行就会教化黎民百姓，使天下的百姓纷纷遵从效法，孝心孝行遍布四海。这就是天下的孝道。"

【原文】

"《甫刑》云：'一人有庆，兆民赖之。'"

【译文】

"《尚书·甫刑》有两句话说：'天子一人有敬亲爱亲的善行，天下数万万的老百姓也都受其鼓励，并效法他，而敬爱他们自己的父母了。'"

【评析】

这一章说明，天子是一国之君，他的地位居万民之首，他的思想行动是万民的表率。他若能实行孝道，对父母尽其爱敬之情，那么，全国人民就没有不效法去敬爱他们自己的父母的。孔子说："君子之德风，小人之德草。草上之风，必偃。"这就证明了德教感化之神速广大。

百孝图·叱木成马

百孝故事

虞舜——孝感动天

舜，传说中的远古帝王，五帝之一，姓姚，名重华，号有虞氏，史称虞舜。相传他的父亲瞽瞍以及继母和同父异母的弟弟象，多次预谋想害死他，但舜聪明过人，每每化险为夷。例如瞽瞍让舜去修补谷仓仓顶，却从下面纵火烧谷仓，舜手持两个斗笠乘风跳下而逃脱；又让舜掘井，待井掘深，瞽瞍与象却下土填井，舜另掘地道，再次脱险。

百孝图·孝感动天

至于为什么一家人都想要舜死，已无从查询。可以猜想的是，继母是一副恶面孔，亲疏有别乃人之常情，后母虐待继子容易让人理解，至于兄弟间因为家产的继承而反目成仇也有动机可言，但就连亲生的父亲都要将他置之死地，是很令人费解的。不过也另有一说，“父顽”被解释成父亲老实，这样就不能当家做主，以致让继母任意而为，或瞽瞍本就是一个耳根软的最远古的标本，但这样说就远了，并且故事的重点也不在这里。父亲与继母愈恶，反衬的是舜的愈孝。

话说舜在一家人的如此这般之后，却毫不嫉恨，仍对父母恭顺，不失孝道，对弟弟始终慈爱。于是他的孝行感动了天帝，当舜在历山耕种时，有大象替他耕地，有鸟儿代他锄草。这般奇迹又被人间帝王尧所听闻，就带领百官去看望舜，并让自己的九个儿子来侍奉他，还把两个女儿娥皇和女英嫁给了他，任命他为宰相。经过多年观察和考验，选定舜做了他的继承人。

如果我们抛开传说里虚构的一面，来看这个故事里的“孝”，对现在的人们来说，不无现实意义。舜对家人的祸心的不嫉恨，体现的是一种宽恕的精神，一种隐忍的精神，于是就有“忍人之所不能忍”，最终“成人之所不能成”的人生智慧。这对于一个要掌管天下的帝王来说，就是一个很必要的条件，既然尧要禅让给一个能把天下管理好的人，舜的行为当然说明了他是一个不错的人选。而作为一国之君，舜的孝行更能够感染百姓，为社会渲染一种良好的风气。

周文王——寝门三朝

周文王姬昌，对父母孝敬异常。在他还在做世子时，对自己的父亲服侍得非常周到尽心，每天都要三次去给父亲请安。在天刚蒙

百孝图·寝门三朝

蒙亮的时候就开始穿衣梳洗，整装完毕之后，就早早地来到父亲卧室门前恭候。首先要询问服侍父亲的小臣：“我父亲今天是否安好？心情怎么样？”服侍的小臣如果回答：“很好。”那么文王就会非常高兴。到了中午还要同样去请安，晚上也是如此，没有一天不是这样的。如果听到父亲的身体不舒服，或者是心情不好，就会非常地担忧，难过得路都走不好，无时无刻不以父亲的健康和快乐忧心。什么时候看到父亲能吃饭了、心情好了，行动才能恢复正常。在父亲吃饭的时候，上菜之时必然先要看饭菜的冷热是否符合季节天气；父亲吃完饭之后，必然要问侍从父亲吃饭的情况，一切都问完办好之后，在确定父亲没有任何不适和不快的情况下，自己才会离开。

作为一国之君，文王的这片至诚的孝心和对父亲无微不至的关爱自然成为百姓效仿的楷模，他的治理也得到了百姓的一致认可，自己更成为受万世瞻仰的圣君。

汉文帝——亲尝汤药

汉文帝刘恒，是汉高祖的第三子，为薄太后所生。高后八年（公元前180年）即帝位。文帝侍奉母亲从不懈怠。母亲卧病三年，他常常夜不阖目、衣不解带地精心照料。母亲所服的汤药，他亲口尝过后才放心让母亲服用。他以仁孝之名，闻于天下。他在位二十四年，重德治，兴礼义，注意发展农业，使西汉社会稳定，人口增加，经济得到恢复和发展，后世史学家誉为“文景之治”。

在二十四孝中帝王有二，其一为舜，其二就为刘恒了。但除去刘恒帝王的身份，那么，他也是一个孝子的典范。古人说得很清楚：“孝”就是对父母养育之恩的一种回报：父母给你生命，所以你要善待父母之生命；父母宁愿自己挨饿受冻，也要让你吃饱穿暖，所以你要照顾父母之温饱；你在父母怀抱有三年时间完全不能自立，完全依赖父母而生存，所以父母死后你要守孝三年。

百孝图·亲尝汤药

父母对子女的关爱在范围上是无限的，父母对子女的照顾在时间上也是无限的。面对这广大而无限的“慈”，照顾父母，是理所应当的。

对待自己的母亲，汉文帝做到了“目不交睫，衣不解带”，而且一个皇帝能够在母亲生病时“亲尝汤药”，这种至孝的行为自然能够成为万民表率，在无形中起到教化的作用，这就应了孔老夫子所说的“一人有庆，兆民赖之”那句话。

诸侯章第三

百孝图·朝服侍立

【原文】

在上不骄，高而不危；制节谨度，满而不溢。高而不危，所以长守贵也；满而不溢，所以长守富也。

【译文】

诸侯的地位，虽较次于天子，但为一国或一地方的领导，地位也算很高了。位高者，不易保持久远，而易遭危殆。假若能谦恭下士，而无骄傲自大之气，其位置再高也不会有被倾覆的危险。其次，关于地方财政经济事务，事前，要统筹规划，有预算的节约，并且按既定方针，谨慎使用，量入为出，自然收支平衡，财政经济便能充裕丰满。然满则易溢，但若如前面所讲，生活节俭、慎行法度，财富再充裕丰盈也不会损益。居高位而没有倾覆的危险，所以能够长久保持自己的尊贵地位；财物充裕，运用恰当，虽满而不奢靡挥霍，所以能够长久地保持自己的财富。

【原文】

富贵不离其身，然后能保其社稷，而和其民人。盖诸侯之孝也。

【译文】

诸侯能够长期保持他的财富和地位，不让富贵离开他的身子，那他自然有权祭祀社稷之神，而保有社稷；有权管辖人民，与他们和睦愉快的相处。这样的居上不骄和制节谨度的作风，才是诸侯当行的孝道。

【原文】

《诗》云："战战兢兢，如临深渊，如履薄冰。"

百孝图·不先尝李

【译文】

《诗经·小雅·小旻》篇中说："身居诸侯之位，常常要警戒畏惧，谨慎小心的处事，就像身临深水潭边恐怕坠落，脚踩薄冰之上担心陷下去那样。"

【评析】

这一章是说诸侯的孝道。因为诸侯的权能，是上奉天子之命，以管辖民众；下受民众的拥戴，以服从天子。一国所有的军事、政治、经济、文化等各项要政，都得由他处理。这种地位，极容易犯凌上慢下的错误。犯了这种错误，不是天子猜忌，便是民众怨恨，那么危险的日期就快到了。如果用戒慎恐惧的态度，处理一切事务，那么，他对上可以替天子行道；对下，可以替人民造福，自然可以

保持长久的高位，而不至于危殆不安。财物处理得当，收支平衡，库存充裕，财政金融稳定，人民生活丰足，那么，这种国富民康的社会现象，可以保持久远，个人的荣禄，还有什么可说呢？“不危不溢”，“长守富贵”，是诸侯立身行远的长久之计；居上不骄和制节谨度的作风，才是诸侯当行的孝道；戒慎恐惧，才是诸侯尽孝的真正要道。

百孝故事

郯子——鹿乳奉亲

我国古代的名人，大都是有名有姓的。可是下面这个故事中的主人公，虽说是春秋时代的名人，但是他的名字却没有人知道，历来只是尊称他为郯子。

据古书记载，郯子出生在一户普通的农民家庭，父母膝下只有他这一个独养儿子。一般来说，人们总是对独生子女娇生惯养，十分溺爱。可是，郯子的父母却不是这样。他们从小就对郯子进行严格的管教。无论是穿衣吃饭、坐卧玩耍，还是读书写字、待人接物，时时刻刻都注意培养孩子美好的道德情操和良好的生活习惯，杜绝一切恶习。

父母年纪大了，都患了眼疾，经医生诊治，要经常喝野鹿乳才能治好。医生又给郯子解释了野鹿乳难求的原因：要治愈失明已久的眼睛，必须取野鹿的鲜乳服用才能达到效果，而且还不能让母鹿受到惊吓，因为那样鹿乳的药用价值就大大降低了。可是，草原上的野鹿都是成群结队地出来饮水觅食，每个鹿群中都有好几只年轻力壮的公鹿负责警戒保卫，只要听到一点异常的动静，整队野鹿顷刻间就会跑得无影无踪。在这种情况下，要接近鹿群已是十分困难，再想挤取鹿乳，几乎是不可能的事。

百孝图·鹿乳奉亲

他苦思冥想，终于想出了一个好办法：把鹿皮披在身上，到深山里去，再混进鹿群中，挤取鹿乳，以供奉双亲。

有一天，他又上山挤取鹿乳，不巧遇到猎人捕猎，猎人把身披鹿皮的他当作麋鹿了。正当要射杀郯子的危险时刻，郯子急忙掀起鹿皮走出来，告诉猎人自己是为了挤取鹿乳给双亲治病才身披鹿皮的。猎人听后很感动，对他肃然起敬，不仅把鹿乳送给了他，还护送他出山。

从此，郯子的贤名不胫而走。人们慕名而来，纷纷拜郯子为师，学知识，学做人。有的人为了求学的方便，干脆就在这里住了下来。孔子也曾经来此住过一段，接受郯子的教诲。人越聚越多，郯子的家乡由乡村变成了城镇，又由城镇变成了邦国，就称作郯国。当地

的人们都一致地推举郯子做了郯国的第一任国君，成为诸侯之一。郯子的名声和地位来源于他的孝行，而他的孝行也必将影响到自己国家的治理，自然而然成为一种良性循环。

庾衮——不畏疠疫

庾衮，字权褒，晋代颍川鄢陵（今河南省鄢陵县）人，是明穆皇后的伯父，地位显赫，备受尊崇。然而他之所以受人尊敬并不是因为他尊贵的身份，而是来自于他对家庭的责任和高尚情操。

百孝图·不畏疠疫

庾衮年轻时很勤俭，学习努力，喜欢提问，并且非常孝顺。那时遇到灾荒，瘟疫蔓延，他的两个哥哥都被瘟疫折磨死了。还有一个哥哥也不幸染上了瘟疫，呼出来的气像火一样热，浑身难受不已，病入膏肓了。他的父母见瘟疫如此可怕，就带着剩下的几个健康的孩子逃亡到外地避难。庾衮则提出要留下来照顾重病的哥哥，父母担心他会因此受连累，坚决不同意。他就对父母说："我身体很好，不会染上瘟疫的。只要哥哥还活着，身边就不能没有人照顾，你们要走我不反对，但不要阻止我留下来照顾哥哥。"无奈，父母带着其他孩子走了。此后，庾衮不分昼夜地守在哥哥身边，端茶送药，从不间断。父母临走前曾为哥哥准备了棺木，庾衮每次看到棺木都偷偷地流泪，因为哥哥的病还是没有好转。在庾衮的悉心照料下，过了一百多天之后，奇迹出现了，不但哥哥身体好了起来，瘟疫也退去了。后来家人都回来了，见此情景，高兴万分。

在中国，孝悌是不分家的，孝道并不仅止于孝敬父母，还包括兄友弟恭，兄弟间的相互扶持也是孝的一个组成部分。庾衮在灾难面前对于兄长无微不至的照顾正体现了这一点。瘟疫不会因为一个人的身份显赫而退避三舍，然而人间的真情却可以驱散病魔。

裴秀——使客敬母

裴秀，字季彦，西晋河东闻喜人。父亲裴潜曾经担任三国曹魏时的尚书令。而裴秀也凭借自己的才华和才能，成为西晋的名臣，官拜尚书令，并且被封为济川侯。裴秀从小就天资聪慧，博览群书，八岁即能赋诗作文，人称其有神童之目。而且，裴秀从小就是一个非常孝顺的孩子。裴秀是小妾所生，其生母身份卑微，因此常常受到嫡母宣氏的歧视和虐待。有一次，家里大宴宾客，嫡母宣氏命裴

秀生母给客人上菜，客人看到端菜的是裴秀生母后全都站了起来，并且全都对她行礼，接过她手里的菜不让她再端。宣氏在屏风后面看到了这一幕，心中顿时明白这都是因为裴秀，于是感叹道："像她这样卑微的身份而能受到宾客们如此的礼遇和尊敬，这都是因为秀儿的缘故啊！"从此以后宣氏再也没有轻慢过裴秀的生母。

百孝图·使客敬母

一个人显赫的身份固然可以使人畏惧，但是高尚的品德和节操却更加能够令人敬佩。孝道是构成中华民族传统思想和人格一个不可或缺的部分，一个普通人的孝心可以感动身边的人，而一个位高权重的人的孝心却可以引导整个社会的正气。

插图版

孝经

卿大夫章第四

百孝图·采藤遇虎

【原文】

非先王之法服不敢服，非先王之法言不敢道，非先王之德行不敢行。

【译文】

任卿大夫是辅佐国家行政的官吏。事君从政，承上接下，管理内政、外交、礼仪，所以服装、言语、德行，都要合乎礼法，合乎规定。所以不是先代圣明君王所制定的合乎礼法的衣服，就不能乱穿；不是先代圣明君王所说的合乎礼法的言语，就不能乱讲；不是先代圣明君王实行的道德准则和行为，就不能乱做。

【原文】

是故非法不言，非道不行；口无择言，身无择行；言满天下无口过，行满天下无怨恶。三者备矣，然后能守其宗庙。盖卿大夫之孝也。

【译文】

所以不合乎礼法的话不说，不合乎礼法道德的行为不做；开口说话不需选择就能合乎礼法，自己的行为不必刻意考虑也不会越轨；于是所说的话即便天下皆知也不会有过失之处，所做的事传遍天下也不会遇到怨恨厌恶。衣饰、语言、行为这三点都能做到遵从先代圣明君王的礼法准则，谨慎全备，那自然德高功硕，不但可保禄位，亦可守住自己祖宗的香火延续兴盛。这就是卿大夫的孝道啊！

百孝图·代祖全姑

【原文】

《诗》云："夙夜匪懈，以事一人。"

【译文】

《诗经·大雅·烝民》有两句话说："为人臣子的，要从早到晚勤勉不懈专心侍奉天子，尽他应尽的责任。"

【评析】

卿大夫虽没有守土治民的重大责任，但作为政府的中坚力量，君主诸侯的辅佐，对政治也具有很大的影响。所以卿大夫之孝，应以拥护其主为第一要素，还应特别注意确保他们的服饰、言语、行动万无一失，才能保守其地位与宗庙祭祀之礼。

石建——亲涤衣厕

石奋，西汉山西人，历任高祖、文帝、景帝。他的四个儿子石建、石甲、石乙、石庆，都官至二千石。

石奋一家家教很严格，都以孝著称，对长辈都是孝顺恭敬。石奋和四个儿子都是二千石以上的官员，因此人们就称石奋为“万石君”。石奋经常告诫儿子为人要谨慎言语，要重视礼法，并能身体力行。

时值窦太后推崇黄老之学，认为石奋的不善言语、亲身躬行，正好能够对儒生的注重理论和外表言论产生打击效果，于是非常重视他。窦太后便任命石奋的大儿子石建为郎中令，小儿子石庆为内史。

多年之后，大儿子石建虽然年事已高，头发花白，但仍然不忘孝顺父亲。他每过五天就离开朝廷回家一次，并在拜见完亲人之后，默默地亲自为父亲石奋洗换下的内衣，还为父亲冲洗厕所。他怕父

百孝图·亲涤衣厕

亲知道了会认为这么做影响自己的工作，于是就千叮咛万嘱咐仆人千万不要让父亲知道实情。

石奋以身作则，教子有方，孩子们都很有出息，没有辜负父亲的苦心。大儿子石建即使身居高位依然对父亲悉心照顾，默默奉献自己的孝心，这种无私的孝是值得我们所有人去学习的。事务繁忙的高官都能每五天回家尽一次孝道，我们这些普通人又有什么理由以没有时间为借口推托责任呢？

杨津——扶持老兄

杨播，字延庆，北魏华阴（今陕西华阴市）人。他为人忠厚、谦虚、恭顺，非常懂得教育孩子的方法。两个儿子杨椿和杨津感情深厚，相互敬重。每天清晨，他们起床后都相对而坐，用心学习知识，互不打扰对方。吃饭的时候，只要有好吃的饭菜，就必须等到两人到齐后，才一块吃。晚上就寝时，用一个帐子在中间隔开，兄弟俩一边睡一个。有时候，他们隔着帐子谈心。长大之后，虽然都

成了家，却依然来往甚密。杨椿老了之后，有一次喝醉酒无法回家，杨津亲自搀扶哥哥回家，还怕哥哥睡醒要召唤人伺候，于是躺在哥哥身边却不敢入睡。他们60多岁的时候都做了大官，可杨津丝毫没有以自己的官位自居，反而更加关心哥哥，每天早上和晚上都要亲自过问哥哥的情况。当哥哥去郊游、很晚还不回家的时候，他是绝对不会先端起碗吃饭的。

杨津并没有居官自傲，而是按照礼法，遵守长幼之序。他尊敬兄长的行为到如今也应该成为我们的表率。

百孝图·扶持老兄

黄庭坚——涤亲溺器

黄庭坚，是宋代四大书法家之一。人人都知道黄庭坚是北宋时期，与苏东坡齐名的文人，二人被世誉为“苏黄”。他在朝廷做过国子监、太史的大官。

百孝图·涤亲溺器

他虽然身居高位，奴婢成群，但仍然亲自奉养自己的母亲，并把母亲的生活照顾得体贴入微。黄母生病多年，庭坚日夜守护在母亲身边，喂汤喂药、端屎端尿，衣不解带。母亲爱干净，他不放心由别人伺候母亲，因此每天都亲自为母亲洗涮便桶，而且洗得非常干净。

他没有一刻忘记做儿子的职责，他说，我是母亲的儿子，小的时候，母亲不怕我的尿臊，不怕我的屎臭，亲自为我洗溺器，刮屁股。我现在要亲自为母亲洗涤溺器，回报母亲的恩德。所以，他的孝行被天下广为传诵。

黄庭坚孝顺母亲，不是虚构的传说，而是真正的事实。苏东坡向当朝举荐黄庭坚的文章中说，黄庭坚“瑰琦之文，妙绝当世。孝友之行，追配古人”。

孝顺不是口号，也不是形式，而是一种实际的行动，是一种实实在在的内容。黄庭坚能够持之以恒地坚持为母亲洗涮便桶而毫无怨言，是足以引起我们警醒的。

士章第五

百孝图·单衣顺母

【原文】

资于事父以事母，而爱同；资于事父以事君，而敬同。故母取其爱，而君取其敬，兼之者，父也。

【译文】

士的孝道，就是要用侍奉父亲的心情去侍奉母亲，爱心是相同的；再用侍奉父亲的心情去侍奉国君，崇敬之心也是相同的。所以爱敬的这个孝道，是相关联的，所以侍奉母亲是用爱心，侍奉国君是用尊敬之心，两者兼而有之的是对待父亲。

【原文】

故以孝事君则忠，以敬事长则顺。忠顺不失，以事其上，然后能保其禄位，而守其祭祀。盖士之孝也。

【译文】

因此用孝道来侍奉国君就忠诚，用尊敬之道侍奉上级则顺从。就像学生学业结束离开家庭踏进社会，走上工作岗位，还不适应角色的转换。若能以事亲之道，服从领导，竭尽心力，把工作做好，这便是忠。处理同事关系，对地位较高年龄较大的长者，以恭敬服从的态度对待，这便是顺。士的孝道，第一，要对上级顺从尽到忠心。第二，要对同事中的年长位高者恭顺，多多请教，上级自然认为他是个可塑之材，同事也都会同情他，协助他。这样的话，他的忠顺二字便不会失掉。能做到忠诚顺从地侍奉国君和上级，然后即能保住自己的俸禄和职位，并能守住自己对祖先的祭祀，这就是士的孝道！

百孝图·得祖母欢

【原文】

《诗》云："夙兴夜寐，无忝尔所生。"

【译文】

《诗经·小雅·小宛》说："要早起晚睡地去做你的工作，不要辱及生你养你的父母。做人一定要勤勉不怠，自己做事有责任心也反映了父母良好的修为涵养。"

百孝图·芦衣顺母

【评析】

士的孝道，在乎尽忠职守，善处同事，因为他要想有所作为，就必须按上级的指示去做，并谦虚礼貌真诚地向别人请教学习。如果做事不负责任，那便是不忠。对同事不恭敬，那便是不顺。不忠不顺，那便得不到上级的信任和同事的好感。一个人所处的环境，如果是如此的恶劣，那他还能保持他的禄位、守其祭祀吗？

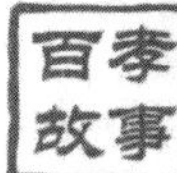

徐庶——失母心乱

徐庶，字符直，东汉末年颍川阳翟（今河南省禹州市）人，汉末颍川一代名士。归曹后，在魏官至右中郎将，御史中丞。对于徐庶，因中国古典名著《三国演义》对其有精彩的描写，中国人对他可谓家喻户晓，妇孺皆知。书中许多情节虽与正史有所出入，但他至孝侍母，力荐诸葛，史籍却有详细的记载。

徐庶在少年时代，是一名远近闻名的少年侠士。

他曾经杀死了当地一个豪门恶霸，为一位朋友报了家仇，自己却不幸失手被擒。官府对徐庶进行了严酷审讯，徐庶出于江湖道义，始终不肯说出事情真相。又怕因此株连母亲，尽管受尽酷刑，也不肯说出自己的姓名身份。老百姓感于徐庶行侠仗义，没有一个人出面揭穿他的身份。后经徐庶的朋友上下打点，费尽周折，终于将其营救出狱。

百孝图·失母心乱

徐庶为人忠厚诚恳、豁达大度，才识广博、见解独到，具有卓越的军事才能，很受刘备赏识，并委以重任。后来一次战争，刘备战败，徐庶的母亲不幸被曹军掳获，并被曹操派人伪造其母书信召其去许都。徐庶得知此讯，痛不欲生，含泪向刘备辞行。他用手指着自己的胸口说："本打算与您共图王霸大业，但不幸老母被掳，方寸已乱，即使我留在将军身边也无济于事，请将军允许我辞别，北上侍养老母！"刘备虽然舍不得让徐庶离开自己，但他知道徐庶是出了名的孝子，不忍看其母子分离，更怕万一徐母被害，自己会落下离人骨肉的罪名，只好同徐庶挥泪而别。

徐庶虽然离开了刘备，但是却把更有才能的诸葛亮举荐给了刘

备，使他能够大展宏图，建立了蜀汉政权，而且徐庶并没有背叛刘备，身在曹营心在汉，孝使他身不由己，但是也更坚定了他对刘备的忠诚和承诺。徐庶归曹后未向曹操献过一策，唯一的一个计策却使曹操大败。

沈周——母依为命

沈周，字启南，号石田，晚年自称白石翁，明代长洲（今江苏省吴县）人。他学识渊博，诗文书画均负盛名，是著名的江南四大才子（另三人为文徵明、唐寅、仇英）之一，人称江南“吴门画派”的班首，在画史上影响深远。他从小就博览群书，文章、诗赋、书法、绘画样样精通。他心地也非常善良，非常孝顺父母。相传有个家境贫寒之人，为了挣钱给母亲治病，模仿了一幅沈周的画。为卖得高价，请求沈周在画上题字。沈周看他是孝子，十分同情，就在画上稍

百孝图·母依为命

事修改，然后落款、盖章。结果那幅画果然卖了很高的价钱，那个人为母亲治好了病，对沈周感激不尽。沈周的父亲去世后，朋友劝他去做官，他回答说："现在母亲只能依靠我照顾，我怎么能离开她去做官呢?"很多官员都对他十分尊重，频频邀请他到自己手下工作，他都以照顾老母亲为由拒绝了邀请。他从来不出去游玩，整天陪伴在母亲身边。当母亲活到99岁时，他也已经80岁了，可谓母子相依为命，福寿同在。

作为一个士人追求功名仿佛成了他们的天职，然而功名却并不能代替一切。沈周是一位名士，而且也很明智，在他的眼里父母比功名更加重要。

姜肱——兄弟共被

姜肱，字伯淮，东汉彭城人。他学术广博，不但通达五经，而且晓达星命相术。四方学士闻风远来求学于门下者，多达三千余人，许多王侯公卿召请他为官，他一概婉辞，不愿就任。

他有两个弟弟，一个叫仲海，另一个叫季江。兄弟三人非常和睦，整天形影不离：在一起读书，一起温习功课、玩耍，还一起帮家里干活。他们缝了一床大棉被，每天都睡在一起。长大之后，他们的感情依旧非常好，即使各自成家立业，也没有破坏兄弟间的亲情。

一次，姜肱跟弟弟季江出门在外，夜晚行路遇上了强盗，强盗要杀他们。姜肱心疼弟弟，抢着要替弟弟死；弟弟担心哥哥，不让

百孝图·兄弟共被

强盗伤害哥哥，也主动要替哥哥死。就这样兄弟俩相持不下，都争着让对方活着。盗贼看到这个情景，被兄弟俩的手足之情深深地感动了，只抢了一些财物，并未伤及他们性命。

姜肱他们到了目的地，官吏问他们为什么如此狼狈，为了给强盗一个改过的机会，他们并未说出原委。后来盗贼知道了，感激加悔恨，又把他们抢来的财物如数奉还给了姜肱。

兄弟姐妹和睦相处，一家人和和美美，是父母最大的心愿，因此，侍奉父母是尽孝，照顾兄弟也是尽孝。兄弟如手足，父母如身躯，身躯与四肢能互相搭配，这样才能构成健全的身体。所以自古以来，兄弟就要彼此友爱、相互提携，长大成人之后，更要相互帮助。姜肱兄弟的手足之情，不仅感化了盗贼，也使他们成为受人景仰的一代名士。

庶人章第六

百孝图·访丁公藤

【原文】

用天之道，分地之利。谨身节用，以养父母，此庶人之孝也。

【译文】

我国自古以来就以农业为主，农人的孝道，就是要会利用自然的季节来耕耘收获，以适应天道。认清土地的高下优劣，来种植庄稼，生产获益，以收获果实。庶人的孝道，除了上述的利用天时和地利以外，还要行为谨慎地保重自己的身体和爱护自己的名誉，不要使父母赋予你的身体有一点损伤，名誉有一点败坏。也要节省开支，不要把有用的金钱，作无谓的消耗。如果照这样保健身体、爱护名誉、节省有用的金钱，使财物充裕，食用不缺，以孝养父母，那父母一定是很喜悦的。这就是普通老百姓的孝道了。

【原文】

故自天子至于庶人，孝无终始，而患不及者，未之有也。

【译文】

孝道虽然有五种类别，但都是基于每一个人的天性来孝顺父母的。所以上自天子，下至普通老百姓，孝道是不论尊卑高下的，是无始无终的，是永恒存在的。如果有人担心尽不了孝道的话，那是绝对不可能的事。

百孝图·代父从征

【评析】

总结以上孝道的五类，各本天性，各尽所能。总之，孝道本无高下之分，也无终始之别。凡是为人之子女的，都应站在自己的角色上，尽其应尽的责任，大而为国为民，小而保全自身，都算是尽了孝道。只要把这一颗爱敬的本心放在孝亲上，自然事事替父母着想，时时念父母亲恩，也就不敢去作奸犯科了，因为其一举一动，都会连累了父母、让父母担忧的。这样，不但他个人是一个孝子，家庭方面，也会获得莫大的幸福，对国家社会的秩序稳定也有所裨益。世界大同的理想，也就不难实现了。

百孝故事

归钺——迎养继母

百孝图·迎养继母

归钺，字汝威，明朝嘉定（今上海市嘉定县）人。母亲去世得早，父亲又娶了一个妻子，并生了儿子，于是归钺就受到了冷落。父亲总是毒打归钺来讨继母的欢心，而继母则助纣为虐，帮父亲拿来很大的杖子，让父亲狠狠地打他。他们家很穷，食物不够吃。每次吃饭之前，继母就存心数落归钺的不是，以激怒父亲。父亲盛怒之下竟然将儿子赶出了门，剩下继母和她的儿子，这样饭菜就够吃了。归钺又饿又乏，匍匐在路上。父亲看见了，更觉得他不顺眼，说："你不在家好好待着，跑到外面做贼。"又将他一顿毒打，差点把他打死。等到父亲去世后，继母再次将他赶出家门，他就以卖盐为生。私下问他的弟弟，得知继母爱吃甘鲜之物，却无力购买。后来，遇到饥荒年，继母已经不能养活自己了。归钺就提出由自己来侍奉继母。继母开始觉得心里有愧，不好意思去，后来经归钺诚恳说服才点头答应。归钺弄到食物，先给继母和弟弟食用，而自己却饿得脸色难看。弟弟可能是认为自己无能，所以自杀了。后来，归钺继续奉养继母，直至终身。

恪尽孝道是统治者所提倡的，从天子到诸侯，从卿大夫到士，这些身处上层社会的统治者的孝行固然应当受到人民的推崇和赞扬。然而作为一个普通百姓，甚至是衣不蔽体、食不果腹的苦寒贫民，他们的孝行是否更加应该值得人们去学习呢？由于经济条件的限制，他们不可能像高官显贵一样给父母最好的衣食，但是他们的孝心却要比显贵们有过之而无不及，归钺的孝行就证明了这一点。

欧阳守道——每食舍肉

欧阳守道，字公权，一字迂父，宋朝吉州（今江西省吉州县）人。他是文天祥的老师，和蔼可亲，人品极好。小时候家里穷，没有钱上学，只能自己在家里苦学，进步非常快。乡里人见他学识渊博，聘请他为私塾的老师。他侍奉母亲非常周到，每当学生家长请他吃饭，他自己不吃肉菜，而是拿回家去奉养母亲。请他吃饭的人见状，就准备了食具协助他装饭菜带回家。他每次都是先派人把饭送到母亲面前，自己才肯食用。邻居们都被他的孝道所感动。兄嫂早逝，丢下两个孩子，大的才 5 岁，小的出生才几个月，欧阳守道毫无怨言地抚养这两个侄子。由于没钱雇请乳妈，日夜抱着两个孩子哭泣。邻人见他如此孝悌，感叹不已。

给父母锦衣玉食未必就是孝，孝是一份发自内心的至诚之情，一个真正的孝子对父母是一种发自内心的牵挂，他们懂得把自己最好的东西留给父母。如果在贫寒时能够做到“每食舍肉”，相信即使以后飞黄腾达了也不会忘本。

百孝图·每食舍肉

刘谨——三赴云南

刘谨，明朝浙江山阴（今浙江绍兴）人。他的父亲犯了法，被流放到云南戍边。当时刘谨只有 6 岁，就向家人询问云南的方位，并经常对着西南方向做祷告。14 岁的时候，他坚定地说：“虽然云南远在万里之外，但天下哪有没有父亲的孩子呢?”于是，他收拾行李，就踏上了寻父之路。辗转行进了六个月，终于到了云南，并幸运地与父亲偶遇。父子俩团聚，百感交集，紧紧相拥，泣不成声。

百孝图·三赴云南

后来，父亲得了痹疯病，刘谨立即请求官府，自己代父亲去戍边。而当时的法律明文规定，只有年满 16 岁的长子，才能代父戍边，所以官府禁止未成年的刘谨替代父亲。这时，老家的堂兄去世了，他只好回老家给堂兄办丧事。之后，他带着堂兄的儿子一起来到了云南。但是侄子年纪太小，不能自立，所以他又把侄子送回了老家。

这次他变卖了家产，把钱留给侄子，供他成长。当一切事情处理妥当之后，他第三次来到云南，专心奉养父亲。

人情的冷漠会让咫尺天涯，而真诚的关爱却可以让天涯咫尺。路途的遥远并不能阻挡一个孝子坚定的决心，一个普通百姓的意志力和勇气也是能够令人肃然起敬的。

三才章第七

百孝图·缚衣护柩

【原文】

曾子曰:"甚哉,孝之大也!"

【译文】

曾子原以为保全身体,赡养父母,就算尽了孝道。当听了孔子传授的这五等孝道以后,不禁惊叹道:"太伟大了!孝道是如此的博大高深!"

【原文】

子曰:"夫孝,天之经也,地之义也,民之行也。天地之经,而民是则之。则天之明,因地之利,以顺天下,是以其教不肃而成,其政不严而治。先王见教之可以化民也,是故先之以博爱,而民莫遗其亲;陈之于德义,而民兴行;先之以敬让,而民不争;导之以礼乐,而民和睦;示之以好恶,而民知禁。"

【译文】

孔子见曾子对于他所讲的五孝,已有所领悟,便进一步说:"你知道这个孝道的本源,是从哪里取法来的?它是取法于天地的。天有三光照射,能运转四时。以生物覆帱为常,是为天之经。地有五土之性,能长养万物,以承顺利物为宜,是为地之义。人得天之性,则为慈为爱。得地之性,则为恭为顺。慈爱恭顺,与孝道相合,故为民之行。孝道犹如天上日月星辰的运行，地上万物的自然生长，天经地义，是人类最为根本首要的品行。天地间有其自然法则，人类从中领悟到实行孝道是由于自然法则起的作用。爱亲之心，人人都有，明白其中道理的人却不多。法则都是顺乎天地自然之理、可以治理天下的，故而圣明的君主，应当效法永恒不变的法则，利用自然优势，顺应自然规律对天下百姓实施政教：效法天之明，教民出作入息，夙兴夜寐；利用地之宜，教民耕种五谷，生产孝养。这种教化，合乎民众的心理，民众自然都愿意听从，所以教化不用去严肃施为就能顺利进行，政治不用去严厉推行而自然国泰民安。前代的贤明君主，看到教育可以辅助政治，感化人民，就先以身作则，倡导博爱，这样民众效法他的博爱精神，所以没有遗弃双亲的人；宣扬仁义道德，人民也去效法，因此普遍盛行道德高尚的风气；对人对事，率先奉行恭敬和谦让的态度，于是人民效法他的敬让，不会发生争端。用礼乐教化他们，人民就相亲相敬、和睦相处。告诉人民什么是好的应该去提倡的行为，什么是不好的应该去制止的行为，那么人们自然会懂得禁令的严重性而不敢违法

百孝图·感及禽兽

百孝图·滴血认骸

乱纪了。

【原文】

“《诗》云：‘赫赫师尹，民具尔瞻。’”

【译文】

“《诗经·小雅·节南山》中说：‘周朝有一位显耀的太师官伊尹，他不过是三公之一，尚且能为民众如此敬慕和瞻仰。如果身为一国之君也像伊尹一样，以身作则，那天下的民众还能不爱戴和尊敬他吗？’”

【评析】

孔子把孝道的本原讲给曾子听。道的本原，是顺乎天地的经义，应乎民众的心理。把孝道作为国君教化民众的准则，不但教化易于推行，就是对于政治，也有绝大的帮助。所以孔子特别告诉曾子的，就是“其教不肃而成，其政不严而治。”政教如此的神速进展，还有什么话说？前代的君王都深谙孝道的妙用，以身作则，率先倡导。所以不管你身居何位，哪怕是一国之君，只要身体力行，就都会被民众敬慕瞻仰。

焦华——力辞王姬

焦华，是晋代南安人，父亲为西秦安南将军焦遗。焦华为人谦虚和蔼，十分孝顺父母。一年冬天，焦遗病得很重，想吃新鲜的瓜，可是当时毕竟不是产瓜的季节，所以焦华很为难，整天茶不思饭不想，休息也不好，一心想着满足父亲的愿望。一次，他在梦中隐隐约约听到一个声音："听说你的父亲想吃鲜瓜，我给你送来了。"焦华激动不已，马上下跪，接过鲜瓜。一开心，就笑出了声，于是梦就醒了。可是，奇怪的是，自己的手中竟然真的有一个香气扑鼻的鲜瓜。焦华赶紧拿给父亲享用，父亲刚吃了几口，病就好了。

百孝图 · 力辞王姬

西秦王乞伏干知道后，

提出把自己的女儿许配给焦华。焦华不愿攀龙附凤，拒绝道："娶妻的人是希望夫妻和睦，共同伺候父母。但是王姬身份尊贵，嫁给我就太委屈了。我家里一没有豪华的家具摆设，二没有丰富美味的佳肴，因此，我没有能力迎娶国王的女儿。"所以，他就没有答应这门亲事。乞伏干并没有生气，反而很赏识焦华的人品，还让他担任尚书民部郎。

孝敬父母是天经地义的，一个真正的孝子把孝道当成自己的本分，而不会希求通过它获得什么好处，更不会让纯净的孝道沾染上世俗的污秽，成为攀龙附凤的工具。这份真挚的用心不仅能够感动天地，更能感动世人！

徐孝克——侍宴取饵

徐孝克，南朝陈东海郯（今山东郯县）人，性情极为孝顺，但就是家境贫寒。父亲去世后，他想尽了办法才将父亲埋葬。和老母陈氏相依为命，奉养有佳。战乱期间，人民生活艰难，他甚至连一碗稀粥都无法供给母亲。无奈中，他只好剃了头做和尚，讨来食物侍奉母亲。陈宣帝很欣赏他的为人，任命他为国子祭酒。每当皇帝请宴的时候，徐孝克从不食用任何东西。等到酒席散了，他把美食带回家给母亲享用。宣帝发现后，觉得很奇怪，就去问管斌为什么徐孝克不吃饭。管斌也不知道真相，直接去问徐孝克，才得知原来他把美味佳肴带回家是为了供养老母亲。管斌感动之余如实向宣帝禀告了，宣帝立即下令，以后皇帝在宴请群臣时，先让徐孝克把他母亲爱吃的酒菜挑出来带回家。

孝心可以为一个人带来意想不到的收获，更会受到千万人的景仰，所以在众多的孝子故事中，主人公都能够因祸得福，甚至平步青云。上天对于孝子的眷顾可见一斑，但是在他们获得各种殊荣以后是否能够不改初衷呢？徐孝克的故事告诉了我们肯定的答案。身居高位仍以母亲的喜好为先，自然能够受到朝野内外的青睐了。

百孝图·侍宴取饵

司马光——保兄如婴

司马光，字君实，北宋陕州夏县（今陕西夏县）人，仁宗宝元年间进士，历任龙图阁直学士、翰林兼侍读学士，后任宰相，被封为温国公。7 岁的时候，司马光和小朋友在院子里玩耍，一个小孩

百孝图·保兄如婴

不小心掉在了水缸里，眼看就要被淹死了。大家都被吓跑了，可只有小司马光沉着冷静，搬来一块石头将水缸砸破，救出了小孩。司马光不但机智，而且特别孝悌，他和哥哥司马伯康兄弟情深。哥哥快 80 岁了，他把哥哥当成父亲奉养，照顾得非常周到，就像照料婴儿一样细心。吃饭时，也总是关心地询问："哥哥，饭菜可口吗？"每年入冬，他都要摸摸哥哥的后背问道："哥哥，衣服是不是穿得有点少了？"

一个人的品德高低能够从生活的各个方面表现出来，哪怕是一言一行，甚至是一个眼神一个动作，都能够成为判定一个人品质的标准。司马光就是这样一个经得起推敲的人物。他不仅在政治上、历史上扮演着重要的角色，在生活中更是一个孝悌的楷模，在对待自己兄长的每一个细节上都体现出无微不至的关怀。英雄做事可以不拘小节，但是伟人却肯定不会输在小节上。

孝治章第八

【原文】

子曰："昔者明王之以孝治天下也，不敢遗小国之臣，而况于公、侯、伯、子、男乎？故得万国之欢心，以事其先王。"

百孝图·埋儿奉母

【译文】

孔子说："过去的圣明君主，是用孝道治理天下的。其爱敬之心推己及人，即便是对一些附属小国派来的使臣，都不敢轻视慢待，何况自己直属的封疆大吏如公、侯、伯、子、男呢？所以众多诸侯也对他真诚归顺、甘心听命、远近朝贡，并帮助国君祭祀先王。孝道就算尽到极点了。"

【原文】

"治国者，不敢侮于鳏寡，而况于士民乎？故得百姓之欢心，以事其先君。"

【译文】

"过去的诸侯，效法天子以孝道治理天下的法则，以爱敬治其诸侯国。爱人的人，必受人爱慕；敬人的人，必受人尊敬。即便是对失去妻子的男人和丧夫守寡的女人也不敢欺侮，更何况对他属下的臣民百姓了。所以就能得到全国百姓的欢心，竭诚拥戴，使他们帮助诸侯祭祀祖先，岂不是尽到了孝道吗？”

百孝图·感母赈弟

【原文】

“治家者，不敢失于臣妾，而况于妻子乎？故得人之欢心，以事其亲。”

【译文】

“过去的卿大夫治家，即便对于臣仆婢妾也不失礼，何况对自己的妻子、儿女呢？因此，人不分贵贱，情不分亲疏，只要得到大家的欢心，使他们乐于侍奉自己的父母，那么自然夫妻相爱，兄弟和睦，儿女欢乐，主仆愉快，家庭一片和气景象。以此孝道治家，那岂不是达到了理想的家庭吗？”

【原文】

“夫然，故生则亲安之，祭则鬼享之，是以天下和平，灾害不生，祸乱不作。故明王之以孝治天下也如此。”

【译文】

“如果依照以上所讲的以孝道治理天下国家，自然能得到天下人

的欢心，那样做父母的人，在活着的时候，就可安心享受他们儿女的孝养，去世以后，也就很自然地受用他们儿女的祭礼。照这样治理天下国家，肯定是一片和平气象，水、旱、虫、疫等自然灾害，就不会再产生，战争血腥盗匪等人为祸乱，也不会发生了。由此可见，历代明德圣王以孝治天下国家的效果，是如此高明。”

【原文】

“《诗》云：‘有觉德行，四国顺之。’”

【译文】

“《诗经·大雅·仰之》说：‘一国之君，有伟大的道德行为，那么周边的众多小国，都会被感化而心悦诚服，没有不顺从他的。由此可见，再没有比以孝道治理国家更好的方法了。’”

百孝图·护父受伤

【评析】

古人对于孝道是非常重视的，这表现在他们并不限于对自己父母尽孝，而且推其孝敬之心到比较疏远的人群中去，使人人都能得到欢心。像这样的孝德感召，人人尽孝，形成一种良好的社会风气，国家还愁不强盛吗？如果不提倡以孝道治天下，那爱敬之道拘于狭隘，家也不能保，国更不能治，即使科学发达、武器犀利，也不是长治久安之道。孟子说过：“天时不如地利，地利不如人和。”如以孝道治理天下国家，先得了人和，有了人和，自然会有国泰民安。

汪廷美——因赦减租

汪廷美，宋朝婺源（今江西省婺源县）人。他是一个老实厚道的人，对父母孝顺有佳，和族人相处得也非常融洽。他们族人一共二百多人，一起生活了数十年，关系都非常和睦。每天早上晚上吃饭的时候，如果有的族人没能按时前来，其他的族人也都不会先吃，而是一起等他来了之后一块享用。汪廷美生活节俭，为人朴实不虚荣。他常穿粗布衣服，没有祭祀活动是不吃肉的；为亲人办丧事时，他遵守丧礼，竭尽哀痛，也拒绝见客；每当祖父的忌日，他都不出家门，在屋里斋戒纪念祖父。后来朝廷减了

百孝图·因赦减租

老百姓十分之二的赋税，他也随即减去佃户十分之二的地租。村里有人把他们家的鹅偷走了，他问那个人为什么要偷，那人说是夏天快到了，要用鹅来祭祀祖先。他听后，认为此人很有孝心，不但没有把鹅要回来，而且还送给他很多美酒。后辈人犯了什么错误，他不会打骂教训，而是耐心地给他们讲古今做人的道理，启发他们自己醒悟过来。

赖禄孙——含唾呴母

赖禄孙，元朝汀州宁化人（今福建省宁化县），是个大孝子。当时贼寇作乱时，他背着母亲，带着妻儿，和乡亲们一块到山里避难。中途，遇到了贼寇，乡亲们四处逃散，只有赖禄孙守着老母亲，寸步不离。贼寇举起刀要砍老母亲，赖禄孙一个箭步冲上去，用身体护住母亲，大声说："你们要杀就杀我，不要伤害我的母亲。"母亲这时口干舌燥，没有水喝，赖禄孙就用唾液给母亲止渴，以减轻母亲的痛苦。贼寇看到这个情景，很是感动，不忍心伤

百孝图 · 含唾呴母

害他们母子俩，反而给他们端来了水。这时有个贼寇想抓走赖禄孙的妻子，却遭到其他很多贼寇的制止：“孝子的妻子，是不能侮辱的。”最后，他们一家人安然无恙地走了。

孝心可以治理国家吗？不用怀疑，因为它有巨大的感染力！人皆父母所生，每一个人的天性中都有无法泯灭的良知，而孝行是唤起这种良知的最大动力。以至诚的孝道来治理国家，收到的效果可能要比冷酷的刑罚好得多。赖禄孙的孝行如果能够感动冷酷的强盗，那么就更加能够感染寻常的百姓了。

韩邦靖——谨侍兄疾

韩邦靖，字汝度，明朝朝邑（今陕西省大荔县）人。他小时候学习就很勤奋，与哥哥韩邦奇一块考上了进士，当上了山西左参议，守卫大同。当时赶上了荒年，老百姓吃不到粮食，饿死无数人。乡下出现了人吃人的现象。韩邦靖见此情景，很想帮助百姓度过灾难，于是他就上奏此事，希望朝廷能赈济灾民，但是却没有被通过。他对朝廷失去了信心，因此就想辞官归隐，但还没得到批准，就要先动身上路。乡亲们知道后，自发组织起来，站在路旁痛哭流涕，劝他留下来。韩邦靖含着泪回到家乡，不久就病逝了。后来他的哥哥韩邦奇也做了参议，来到大同，乡亲们知道他是韩邦靖的哥哥，都纷纷出来迎接他，并激动地哭了起来。在此之前，韩邦奇曾经身患重病，卧床不起一年多。韩邦靖非常担心哥哥的身体，并亲自服侍哥哥。给哥哥吃的药，他都要先尝一下冷热；他还亲手送上哥哥吃

的任何东西。后来，韩邦靖病重，哥哥韩邦奇也是不分昼夜地照顾他达三个月之久。韩邦靖去世后，哥哥只吃简单的饭菜，穿了五个月的孝服。乡亲们都很感动，并为他们立了一块孝悌碑。

中国人注重孝道，对于孝悌之人自然更加敬重。孝悌碑是为孝悌之人树立的，但它却不仅仅只是一种外在的表彰形式，更代表了一个民族坚固的心灵支撑。

百孝图·谨侍兄疾

孝经

插图版

圣治章第九

【原文】

曾子曰："敢问圣人之德，无以加于孝乎？"

【译文】

曾子听完孔子的孝道论，以为政教之所以好的原因，都是由于孝的德行，所以又问："圣人的德行，就没有比孝道更大的了吗？"

百孝图·济母置儿

【原文】

子曰："天地之性，人为贵。人之行，莫大于孝。孝莫大于严父，严父莫大于配天，则周公其人也！"

【译文】

孔子说："世界万物，都是一样的得到天地之气以成形，禀天地之理以成性的。但物得到的气只是一部分，故愚钝；而人得到的气却是全部，故聪灵。所以，天地万物之中，只有人类是为最为尊贵的。这样看来，若以人的行为来讲，再没有大过孝的德行了。万物出于天，人伦始于父，因此在孝道之中，没有比敬重父亲更重要的了。敬重父亲，没有比在祭天的时候，将祖先配祀天帝享受祭礼更为重大的了。自古以来，只有周公做到了这一点。所以配天之礼，是他始创的。”

【原文】

“昔者，周公郊祀后稷以配天，宗祀文王于明堂以配上帝。是以四海之内，各以其职来祭。夫圣人之德，又何以加于孝乎？”

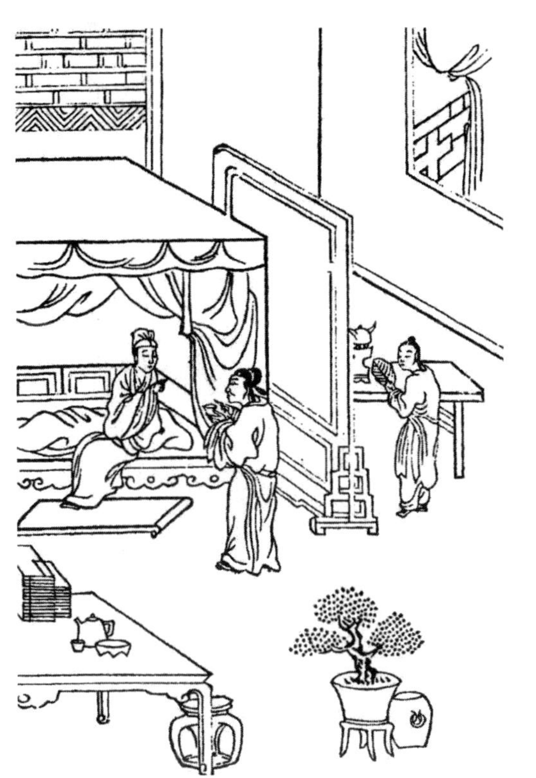

百孝图·谨侍兄疾

【译文】

“周代，武王逝世，周公辅助成王，主理国家政治，制礼作乐。他创制了在郊外祭天的祭礼，把其始祖后稷配祀天帝。在明堂祭祀，又把父亲文王配祀天帝。周公这样追尊他的祖与父，无疑是倡导德教，而在四方作为示范。所以各地的诸侯，都能恪尽职守，前来协助他的祭祀。孝德感人如此之深，可见，圣人的德行，又有什么能超出孝道的呢？”

【原文】

“故亲生之膝下，以养父母日严。圣人因严以教敬，因亲以教爱。圣人之教，不肃而成，其政不严而治，其所因者，本也。”

百孝图·掘地寻仇

【译文】

“圣人教人孝道，是顺应自然的人性，而不是被勉强的。因为一个人的亲爱之心，是年幼时在父母膝下玩耍之时就萌生出来的，等到逐渐长大成人，就一天比一天懂得了对父母亲情的爱敬。这是人的本性，是良知良能的体现。圣人就是因为他对父母日益尊敬的心理，就教导人们孝敬的道理；因为他对父母亲情的心理，就教人爱亲的道理。本来爱敬出于自然，圣人不过启发人的良心，遵循人的本性教授敬和爱，也不是勉强为之的。所以圣人教导的，不必严厉地推行就可以成功。圣人对国家的管理，不必施以严厉粗暴的方式就很有效。他所凭借的就是人生来固有的本性。”

【原文】

“父子之道，天性也，君臣之义也。父母生之，续莫大焉！君亲临之，厚莫重焉！”

【译文】

“父亲与儿子之间的感情，是出于人类天生的本性，不是受强迫的。这里边还含着敬意，父如严君，这也体现了君主与臣属之间的义理关系。父母生下子女以传宗接代，没有比这个更为重要的了。父亲对子女，既像一个有威望的君主，又是一位慈爱的亲人，有双重感情在里面，所以没有比这样的感情更厚重的了。”

【原文】

“故不爱其亲，而爱他人者，谓之悖德。不敬其亲，而敬他人者，谓之悖礼。以顺则逆，民无则焉！不在于善，而皆在于凶德，虽得之，君子不贵也！”

【译文】

“所以爱敬之情当由爱敬自己的父母起始。假如有人不敬爱自己的父母，而却去爱敬别人，那就叫违背道德。不尊敬自己父母而去尊敬别人，那就叫违背礼法。爱亲敬亲，是顺道而行的善行；不爱不敬，就是逆道而行的凶德。不顺应人心天理地爱敬父母，偏要倒行逆施，人民如何能效法？不是在躬行爱敬的善道上努力，却凭借恶道施为，即使能得一时之志，也是被君子所不齿的，终将遗臭万年。”

百孝图·践地避石

【原文】

“君子则不然，言思可道，行思可乐，德义可尊，作事可法，容止可观，进退可度，以临其民，是以其民畏而爱之，则而象之。故能成其德教，而行其政令。”

【译文】

“有道德的君子，却不是那样做的，他的谈吐，必定考虑到要让别人称道；他的行为，必定考虑可以给别人带来快乐欣慰。他奉行的道德和义理，必定会令他人尊敬；他的行为举止，必定会使人们取法；他的容貌气度，必定端庄伟大无可挑剔；一进一退，都是合乎礼仪，可以作为楷模。君子这样来治理国家，统治百姓，百姓自然敬畏并爱戴他，学习效法他。所以君子能够很顺利地完成其德治教化，顺利地推行法规政令。”

【原文】

“《诗》云：‘淑人君子，其仪不忒。’”

【译文】

“《诗经·曹风·鸤鸠》中说：‘善良的正人君子，他的威仪礼节，一定是没有差错的，这样他才能够为人师表，而被老百姓所效法了。’”

【评析】

孝治，重在德行方面；而圣治，却在德威并重。德，是内在的美德；威，是外在的美德。内在的美德与外在的美德合起来，才算是爱敬的全德。圣人讲学一步进一步，内外兼修，爱敬并施，自然德教顺利完成，政令不严而治了。

百孝故事

赵娥——手刃父仇

赵娥，东汉酒泉郡禄福县（即肃州）人，父亲叫赵君安，丈夫叫庞子夏。庞子夏去世后，赵娥在禄福县抚养儿子庞淯。

赵娥的父亲赵君安被禄福县豪强李寿所杀，而赵娥的三个弟弟又相继死于瘟疫。李寿得知后，高兴地对众人说："赵家强壮绝尽，只剩下女人了，我又怎么会怕她来复仇呢？"赵娥听此狂言，激发了长期以来的报仇之心，悲愤地发誓说："我一定要亲手杀了李寿！"赵娥经常夜间磨刀，扼腕切齿，悲涕长叹，毫不在意别人嘲笑她是女流之辈。

百孝图·手刃父仇

李寿整天骑马带刀，防卫森严，行事飞扬跋扈，众人都躲着他走。终于有一天早晨，

赵娥跟踪李寿到都亭前，跳下鹿车，抓住李寿的马头，大声斥骂。李寿一惊，企图调转马头逃跑。赵娥挥刀奋力朝李寿砍去，这时马因受到惊吓，将李寿摔在路边的泥沟里，赵娥找到李寿，又用力砍去，因用力过猛，刀砍到了树干被一分为二，李寿也受了伤。李寿拿着自己的刀大喊大叫，一跃而起。赵娥随即挺身奋起左手抵住他的额头，右手卡住他的喉咙，反复周旋，最终李寿气闭，倒在地上。赵娥就拔出李寿的刀，割下李寿的头，到官府自首。

当时的禄福长尹嘉，不忍心给赵娥定罪，就主动辞去官职，不受理此案。继续受理此案的官员也不愿意定她的罪，而且想私自放走她。赵娥却视死如归，坚决不做贪生怕死之人，颇有大义凛然之气。后来，朝廷大赦天下，赵娥终于名正言顺地回家了。

不顾自己的安危，一心为父报仇，报仇后又主动承担后果，赵娥的确是一位刚烈的女子。孝是不分男女老少的，在某种程度上，女子的孝心意念是更超乎常人想象的。虽然赵娥的这种过激行为国法不容，但却是情有可原的，所以受理此案的官员才都不愿意治她的罪。朝廷的大赦天下表现的是一种宽容，是为了给犯错的人一次机会，恩威并重是统治者治理国家的最佳手段。

孔礼——得母推财

孔礼，字德达，三国时涿郡容城人。当时正遭遇战乱，孔礼和母亲走散了，他由于找不到母亲心里非常着急。不久，同郡人马台帮助他找到了母亲。孔礼为了表达感激之情，把自己的全部家产都送给了马台。后来马台触犯了刑律，被判处死罪。孔礼利用自己的关系，私自帮助他逃出了监狱。但是，他们得到消息，知道自己横竖都难免一死，于是就索性一同回来自首，并向官府诉说原委。当时负责的官员很同情他们的遭遇，就向曹操报告了此事。曹操听说后，很宽容地赦免了他们的死罪，减刑处理。后来，孙礼的才能又被发掘，并做了官。

百孝图·得母推财

孔礼这种包庇和帮助别人越狱的做法，自然是没有可取之处的。马台犯了法理应受到惩罚，他的行为自然不会得到当政者的同情。真正感动曹操的是孔礼的那份孝心，他的孝心救了两个人的命，足可见孝道的威力之大。

孙棘——兄弟相代

孙棘，是南朝宋武帝大明年间人。当时，朝廷征召壮丁去防卫边疆。孙棘的弟弟孙萨应征去充军，没有按期到达。根据当时的军法，他被判入狱。孙棘的妻子许氏，告诉丈夫说：“你是一家之主，怎么能眼睁睁看着弟弟受罪呢？姑姑临终时，要你照顾好弟弟。可是他现在还未娶妻成家，却进了监狱。你快想想办法啊。”于是，孙

棘便来到郡里，表明愿意代替孙萨受刑。而孙萨从 3 岁起就和哥哥相依为命，也深受哥哥照顾，因此感恩之心使得他不愿意让哥哥为自己受苦，便说是自己犯法，受刑法是合情合理的。就这样，兄弟俩相持不下。太守张岱，怀疑他们两兄弟不是真心，便将孙棘和孙萨分别安置在不同的地方，分别审讯。结果两人的态度还是那么坚决，当审讯哥哥孙棘时，官吏说：“已经问好孙萨了，他同意你替他受刑。”孙棘听后，丝毫没有异样，甘愿替弟弟受罚。当问到弟弟孙萨时，弟弟也乐于自己受罚、不连累哥哥。官吏回报说：“准许他们请求的时候，他们都是一副同样的表情，他们都心甘情愿！”于是，太守张岱写表章禀告朝廷，皇上下诏说：“孙棘和孙萨是普通老百姓，但却有如此高尚的品行，所以应该宽大处理。”最后特别赦免了他们。

百孝图 · 兄弟相代

不通人情的统治者是冷酷的，如果面对这样的孝悌行为仍然不通人情，自然无法得到百姓的爱戴，一个国家如果没有了温情，自然也就没有了生机，所以明智的统治者都能把握恩威并重的分寸。

纪孝行章第十

百孝图·老翁示笋

【原文】

子曰："孝子之事亲也，居则致其敬，养则致其乐，病则致其忧，丧则致其哀，祭则致其严。五者备矣，然后能事亲。"

【译文】

孔子说："大凡有孝心的子女们，对父母亲的侍奉，第一，在日常家居的时候，要竭尽对父母的恭敬，食衣起居要多方面注意；第二，对父母，要在奉养的时候，保持和悦愉快的心情去服侍，笑容承欢，而不要使父母感到不安；第三，父母有病时，要带着忧虑的心情去照料，急请名医诊治，亲奉汤药，早晚服侍，父母的疾病一日不愈，即一日不能安心；第四，万一父母不幸病故，则要谨慎小心，满足父母所需，备办一切。还要竭尽悲哀之情料理后事；第五，对于父母去世以后的祭祀方向，尽其思慕之心，庄严肃静地祭奠。以上五项孝道，在履行的时候，必定要出于至诚。否则，徒具形式，则失去孝道的意义了。"

【原文】

“事亲者，居上不骄，为下不乱，在丑不争。居上而骄则亡，为下而乱则刑，在丑而争则兵。三者不除，虽日用三牲之养，犹为不孝也。”

百孝图·枯野生芹

【译文】

“孝敬父母，不但要有以上的五要，还要有以下的三忌：第一，就是身居高位的人，不要有骄傲自大蛮横之气；第二，身居下层的人，不要有悖乱不法的作为；第三，在鄙俗的群众当中要与人和平相处，而不要和他们争斗。身居高位却骄傲自大的人，必招致灭亡之灾。身居下层违法乱纪的人，必遭受严厉酷刑的惩罚。在鄙俗的群众中与人斗争，必然会受到凶险残杀的下场。这骄、乱、争三项逆理行为，每一桩都有危及自身、殃及父母的可能。父母常担心子女的安全，为儿女的，若不戒除以上的三项逆行，就是每天用牛、羊、猪三牲来奉养他的父母，也不能让父母安心，还是没有尽到孝的本质。可见孝敬父母，不在口腹

之养，而在于让父母在精神上得到欣慰。”

【评析】

居致敬，养致乐，病致忧、丧致哀、祭致严五项，这是孔子指出顺的道理；居上骄、为下乱、在丑争，这是孔子指出逆的道理。由顺德上边去作，就是最完全的孝子。由逆道上边去行，自然会受到社会法律的制裁和得到不幸的结果。这个道理，很显然地分出两个途径，就是说：前一个途径，是光明正大的道路，可以行得通而畅达无阻的。后一个途径，是崎岖险径，绝崖穷途，万万走不得的。圣人教人力行孝道，免除刑罚，其用心之苦，至为深切了。

百孝故事

老莱子——戏彩娱亲

有关老莱子的生平众说纷纭。《史记》怀疑老莱子就是老子，但是历史上并无可考，所以他真正的名字没有人知道。传说老莱子是春秋时期的一位隐士，曾婉言谢绝了楚王的聘请。为躲避世乱，自耕于蒙山（在今山东）南麓。

老莱子生性非常孝顺，他把最可口的食物和最好的衣物、用品，都用来供养双亲。父母生活中的点点滴滴，他都关怀照顾得无微不至，体贴至极。父母在他的照料下，过着幸福安康的生活，家里一片祥和景象。人如果能在晚年安享天伦之乐，这样的人生是多么有价值、有意义，多么令人欣慰啊！

老莱子虽然已经年过七十，但是他在父母面前，从来都没有提到过一个“老”字。因为上有高堂，双亲比自己的岁数都要大得多。而为人子女的人，如果开口说老，闭口言老，那父母不就更觉得自己已经风烛残年、垂垂老矣了吗？更何况，许多人即使年事已高、儿孙成群，也总是把儿女永远当成小孩一样来看待。

百孝图·戏彩娱亲

不难想象，一个人年过古稀，他的父母少说也有90多岁了。对于大多数年近百龄的人来说，身体都会比较虚弱，而且行动不便，耳昏眼花。要跟他讲讲话，可能他已经没有办法听得很清楚了。由于腿脚不太灵活，纵使想要带他们到处去走走看看，也不是一件容易的事情。所以老人家的生活，往往都比较孤寂、单调。

善解亲意的老莱子很能体恤父母亲的心情。为了让父母能够快乐起来，他装出许多活泼可爱的样子，来逗双亲高兴，可以说是用

心良苦。

在孝顺父母的方式上，老莱子别有一番与众不同。他有一次特别挑了一件五彩斑斓的衣服，颜色非常鲜艳。就在他父亲生日那天，他身着这件衣服，装成婴儿的样子，手持拨浪鼓，在父母面前又蹦又跳，一边嬉戏玩耍，一边迈动轻快诙谐的舞步，简直是一个童心未泯的老头儿，特别逗人开心。

一天，厅堂旁边刚好有一群小鸡，老莱子一时兴起，就学老鹰抓小鸡的动作，来逗双亲高兴。一时鸡飞狗跳，热闹不已。小鸡一颠一颠地到处跑，特别可爱。而老莱子故意装成非常笨拙的样子，煞费苦心，而又无可奈何。看到这番情景，双亲笑得合不拢嘴，温馨的画面，流露出人伦至孝的光辉。

为了让父母在生活上有喜悦的点缀，在日常生活中，他经常会出一些点子，逗父母欢乐。有一次，他挑着一担水，一步一晃地经过了厅堂的前面。突然扑通一声，做一个滑稽的跌倒动作。“这个孩子真是养不大，拿他一点办法都没有。”父亲哈哈大笑，母亲则在一旁说着。

年纪大的人眼睛昏花、耳朵不灵，行动更是不便，老莱子就在家里扮演一个快乐的丑角。他没有把自己当成是年纪大的人，在父母面前，他永远都像小孩子那样活泼可爱。

有人可能会认为老莱子为取悦父母有过分做作之嫌，颇不以为然，但实在因为他一片至纯孝心使然。俗语说：“笑一笑，十年少；恼一恼，老一老。”父母年纪大了，怎么承受得起忧愁和烦恼？老莱子正是深谙了这点，才做出了一些看似“做作”的举动。

为人子女者永远不要在父母的面前，声称自己已经老了。一位孝顺的孩子，总是会想方设法地让父母觉察不到岁月的流逝、年纪的增长。为什么呢？因为如果连孩子都老了，那父母不就更为年迈了吗？他们听了之后，该多么伤心啊！所以，在父母的面前，子女不应当提到“老”这个字。

曹王皋——贬恐惊亲

曹王皋，唐朝衡州刺史，政绩突出，深受百姓爱戴。朝中另一位官员嫉妒他的成就，设计诬陷他触犯王法，于是他被贬到潮州。杨言知道了曹王皋为人耿直，是一位治国人才，做了宰相之后又提拔他做了衡州刺史。在曹王皋被贬官之时，因担心母亲年纪大，经受不起打击，于是对母亲隐瞒了实情。他白天在外面穿着囚服，回家马上换上官服。他把被贬官说成是被提升，假装高兴地向母亲辞别。这次官复原职，他还没来得及告知家人，消息就已经传到了母亲那里。母亲

百孝图·贬恐惊亲

祝贺他时，他跪在地上，才对母亲说出了真相。

儿女永远都是父母在这个世界上最为关心的人，父母的喜怒哀乐大半与儿女有关。因此，为人子女者应当懂得如何才能让父母安心。而不让父母为自己担心，就要正直地做人，少犯错误。没有哪一位父母不希望自己的孩子出人头地，但是前提却是他们能够平安、快乐。管好自己，让父母少操心就是给父母最好的礼物。

鲍出——追贼救母

鲍出，字文才，三国时京兆新丰人。天生魁伟，生性至孝。他和母亲以及四个兄弟一起居住。鲍出为人豪放，但是对母亲却照顾得无微不至，兄弟之间也是兄友弟恭，一家人的日子过得和乐美满、其乐融融。

一天，兄弟五人外出，只有母亲一人在家。两个哥哥和弟弟先回到家，发现一伙强盗把他母亲用绳子绑住手，劫走了。他们惊慌失措，又不敢去追。等到鲍出回来后，听说此事，怒发冲冠，抄起一把刀就不顾一切地追了出去。沿途杀了十多个贼人，终于追上了劫掠他母亲的强盗，邻居家的妇人也被一道劫来了。众贼见他来势凶猛，锐不可当，自己的同伙也已经有好几个死在了他手里，都不敢和他正面交锋，无奈之下就放了他母亲。鲍出指着邻居家的妇人说："这是我嫂子，快放人！"贼人不敢造次，乖乖地把人放了。就这样，母亲和邻家妇人都得救了，鲍出也因此名声大振。

后来战乱纷起，他就侍奉母亲到南阳避难。天下太平后，他们回到家乡。在路上跋山涉水，母亲行走不便，鲍出就亲手编了一个竹笼，请母亲坐在笼中，他背着母亲回到了家乡。鲍出对母亲的照料可谓无微不至，天冷加衣，天热扇席，母亲生病便寸步不离、衣不解带，母亲心情不好，就想方设法逗母亲开心，总之事事按照母亲的意愿行事，从来不敢怠慢。在他的悉心照料下，母亲活到了100多岁才逝世，那时他也已经70多岁了，但依然为母亲守丧礼，无所不备。

百孝图·追贼救母

鲍出的孝行真正做到了孔子所说的“孝子之事亲也，居则致其敬，养则致其乐，病则致其忧，丧则致其哀，祭则致其严”，为

后世做出了榜样，他的后代继承了祖先的遗风，成为孝悌治家的楷模。

百孝图·卖身葬父

五刑章第十一

百孝图·庐墓保乡

【原文】

子曰："五刑之属三千，而罪莫大于不孝。要君者无上，非圣人者无法，非孝者无亲。此大乱之道也。"

【译文】

孔子又提醒曾子说："国有常刑，来制裁人类的罪行，使人向善去恶。五刑所属的犯罪条例，约有3000之多，仔细研究一下，这些都没有比不孝的罪过大。用刑罚纠正不孝之人，以儆效尤，督促人走上孝行的正道。用武力胁迫君主的人，是眼中没有君主的存在；诽谤立法垂世圣人的人，是眼中没有法纪的存在；讥笑鄙视非议立身行道的有孝行的人，是眼中没有父母的存在。像这样的要挟长官、无法无天、无父无母的三种人的行径，就和禽兽没有区别了。以禽兽之行，横行于天下，天下还能不大乱吗？所以说这就是天下大乱的根源。"

【评析】

为人子女的，都应该向良知良能爱敬父母的孝行方面努力，不要一误再误，走到最危险的歧途中去。圣人爱人之深，而警告之切，由此可见。

百孝故事

刘君良——出妻合爨

刘君良，唐朝瀛洲饶阳（今河北省）人。他们家好几代都在一个大家庭居住，和和美美，从没闹过矛盾。隋朝末年，发生大饥荒，强盗贼寇也特别多。刘君良的妻子想要分家自己住，可又怕丈夫不同意，就想出了一个办法。她将院子里的两只小鸟换了鸟巢，这样两个鸟巢内部就分别打起架来。家人都觉得很奇怪，于是她趁机对丈夫说："现在天下大乱，连鸟儿都互相争斗，更何况人呢？所以，还是分家吧，自

百孝图·出妻合爨

己过自己的小日子，免得起争端。”刘君良不明实情，就听信了妻子的话，与兄弟们分了家。一个月之后，刘君良醒悟过来，知道中了妻子的计，便在当天晚上大骂妻子破坏了家庭和睦，是真正的奸贼，第二天就把妻子休了。于是，兄弟们又像以前那样一起生活。当时，盗贼经常在他们乡里出没，他们家在乡里很有威信，乡亲们都主动投奔，寻求保护，并把他们家叫做“义成堡”。刘君良的大家庭，不论男女老少，都能以礼相待，和睦相处。唐太宗贞观六年，颁布诏令，旌表刘家。

每个人都有私心，刘君良的妻子只不过是出于对小家利益的考虑，想分家是十分正常的事情。可是在中国传统的思想中有很强的家族观念，破坏家族的团结就会被认为是大不孝，当然也会受到惩罚，自然难逃被休弃的命运。

刘沨——孝友天至

刘沨，字处和，南朝齐南阳人。父亲刘绍为南朝宋中书郎。在刘沨小的时候，母亲就去世了，刘绍又续娶了路太后哥哥的女儿。继母是皇亲国戚，自然目中无人、骄横跋扈，对待下人非常严苛，全家上下都很惧怕她。虽然刘沨当时年纪很小，可继母看待他就像奴隶一样，加上刘沨又是丈夫的前妻所生，更加看不顺眼，经常毒打他。

但是即使如此，刘沨也从不记恨。路氏又生了一个儿子，长相俊秀，灵气十足，刘沨特别喜欢这个小弟弟。后来路氏生病一年多，还不见好转。善良的刘沨每天都守候在继母身边，照顾饮食起居。他也经常为继母的病情担忧，哭泣绝食。一旦继母病情有所好转，他就开心至极。他这样心诚所致，继母的病竟然好了。而路氏也深深被感动了，对刘沨的态度也转变过来。她让自己的儿子和刘沨一块儿吃饭，一块儿睡觉，一块儿玩耍，一块儿学习；最后还把家产分了一半给刘沨。

百孝图·孝友天至

“孝”是一种发自内心的真诚的呼唤，这种呼唤就算是铁石心肠也会被感化的，刘沨的继母又怎么会例外呢？刘沨用他的至诚感动着周围的人们，一个人对打骂自己的继母都能够如此尽孝，更何况是给予我们生命的亲生父母呢？

杨黼——回家见佛

杨黼，宋朝人，为人善良，性情温和，非常崇拜蜀中（今四川）的无际大师（即唐朝的得道高僧希迁和尚），并专程去拜访。在半路上，他遇见一位年纪很大的和尚，他就向其打听无际大师的情况，

百孝图·回家见佛

并告诉他自己要拜访的原因。老和尚听完，很认真地说："见无际还不如见佛呢!"杨黼没有理解他的意思，就问："佛在哪里？我怎么才能见到佛呢?"老和尚回答说："你赶快回家，见到披着衣服、倒着穿鞋的人，那就是佛了。"杨黼听从老和尚的指点，立即返回，深夜才到家。这时，母亲听到儿子的敲门声，高兴地随手拿了一件衣服披上，踏上鞋子就出来了，竟然没意识到鞋子穿反了。杨黼见到这种情景，心中颇有感悟。从此以后，他竭力孝养双亲。

《增光贤文》里有这样一句话："堂上二老是活佛，何用灵山朝世尊。"这与文中的内容不谋而合。父母才是我们应该真正去朝拜的人，而何必执着于自己的意念？只要意识到这一句话的真谛，从现在开始去做一个真正的孝子，一切都还不算晚，不要为自己留下"子欲养而亲不待"的遗憾！

孝经

广要道章第十二

【原文】

子曰："教民亲爱，莫善于孝。教民礼顺，莫善于悌。移风易俗，莫善于乐。安上治民，莫善于礼。"

【译文】

孔子说："治国平天下的大道，应以教化为先。教育人民相亲相爱，没有比倡导孝道更好的方法了。教育人民恭敬和顺，没有比服从自己兄长更好的方法了。要想转移社会风气，改变旧的习惯制度，没有比音乐教化更好的方法了。要想安定君主的身心，治理黎民百姓，没有比礼法教化更好的方法了。"

百孝图·埋儿得金

【原文】

"礼者，敬而已矣。故敬其父则子悦，敬其兄则弟悦，敬其君则臣悦。敬一人而千万人悦，所敬者寡，而悦者众。此之谓要道也。"

【译文】

"以上所讲的孝、悌、乐、礼四项，都是教化民众的最好方法。但孝是根本，礼是外表，而礼的本质，却是一个敬字。因此，如果一国之君，能恭敬他人的父亲，那他的儿女一定是很喜悦的。敬他人的兄长，那他的弟弟一定很喜悦的，敬他人的君主，那他的部下和百姓，也是很喜悦的。这一个敬字，只是敬一个人，而喜悦的人，何止千万人呢？敬爱一个人，却能使千万人高兴愉快。所尊敬的对象虽然只是少数，为之喜悦的人却有千千万万，这就是礼敬作为要道的意义所在啊。”

【评析】

作为君主治理国家，建立社会道德规范的力行宝典，统治者提倡孝道是很明智的。

缇萦——上书赎父

缇萦（女），西汉山东人，上面有四个姐姐。父亲淳于意弃官从医，由于他精通医术，因此几乎没有他治不好的病。有一次，面对一位病入膏肓的贵妇却自知无力回天，为了满足贵妇家人的希望，他只好象征性地给她服了几副草药。不久，贵妇逝世。这时，贵妇的家人却一口咬定是淳于意开错了药方所致，因此他被判罪，即将受肉刑。那时的肉刑有三种：脸上刺字，割去鼻子，砍去左足或右足。当过官的淳于意按规定要被押到都城长安去受刑。淳于意离家那天，感慨自己没有儿子，所以遇到了困难，女儿们帮不上忙。缇萦听了，暗下决心一定要救出父亲，于是决定陪父亲上长安，替父申冤。

历尽艰辛，缇萦终于到了长安。她听说汉文帝曾下旨准许百姓

直接向他申诉冤情，因此请人写了奏章，向文帝陈述了父亲的冤情：“我叫缇萦，是太仓令淳于意的小女儿。我父亲做官的时候，齐地的人都说他是个清官，现在他受冤枉要被判处肉刑。肉刑太残酷了，我不但为父亲难过，也为所有受肉刑的人伤心。刑罚的目的是为了让犯人能够改过自新，一个人受了肉刑以后，失去的肢体不能复生，即使悔过自新也无济于事。所以我情愿给官府收为奴婢，替父亲赎罪，好让他有个改过自新的机会。”

百孝图·上书赎父

汉文帝读完奏章后，对缇萦深表同情，又召集了一些近臣，针对肉刑的不合理提出了新的处罚方案。就这样，文帝废除了不合理的肉刑，改为打板子了。

缇萦的孝心孝行，不但成功地拯救了父亲，而且使统治者下令废除了残忍的肉刑，使无数人免于肉刑之身心剧痛。孝的精神力量是伟大的，大到可以改写历史。

徐允让——子孝妻烈

徐允让，元末浙江山阴（今浙江绍兴）人。妻子潘氏，名妙圆，也是山阴人。至正年间，战乱四起，他带着父亲和妻子到山谷中避难。途中遇到了乱兵，其中一个头目抽出刀要杀徐允让的父亲。徐允让大声吼道："宁愿你们杀了我，也不要杀害我的父亲！"于是徐允让惨遭杀害。惨无人性的乱兵还要侮辱徐允让的妻子潘氏。潘氏是一个刚烈的女子，但是由于丈夫惨死，尸体没有火化，所以强颜欢笑地说："我丈夫既然已经死了，那我一定会跟从你们的。如果能让我先把丈夫的尸体焚烧掉，那我就没有任何遗憾了。"乱兵相信了她的话，并找来许多柴火，焚烧她丈夫的尸体。火越烧越大，潘氏边哭边说着什么，并义无反顾地跳入了熊熊烈火中，与丈夫一同死去了。她的这一举动吓坏了乱兵，于是，乱兵也就没有再去为难徐允让的父亲。明太祖时期，朝廷为徐允让夫妇立了孝烈碑，宣扬他们的孝道。

百孝图·子孝妻烈

"孝"能打动人心，而懂得使用孝道作为治国的工具，是千百年来封建帝王的明智选择。

周琬——代父甚喜

周琬，明朝江宁（今江苏南京）人。他的父亲做滁州牧的时候，因为犯了罪而被判死罪。16岁的周琬，来到官府门前，跪下叩头，请求代父受刑。明太祖知道后，怀疑是别人告诉他这么做的，就想试一试他。他下令立即将周琬斩首，周琬知道后，面不改色，神态从容不迫。太祖很是惊讶，认为他小小年纪竟能有如此孝心，实属难得，就免除了他父亲的死罪，改判戍边。周琬继续请求用自己的死来免除他父亲戍边。太祖大怒，又命令将其斩首，但最后还是被他的孝心所感动，赦免了他们父子俩。太祖还亲题“孝子周琬”四个字嘉奖他，一时被传为佳话。

百孝图·代父甚喜

刑罚不是臣服百姓的最佳工具，“孝、悌、乐、礼”才更容易使大众接受。“孝子周琬”不是对周琬一个人的褒奖，也不是写给他一个人看的，它透露着一种信息，那就是执政者并不是一个冷酷无情的无道昏君，百姓可以信任他。这不失为一种收买人心的绝佳手段，当然也是百姓乐于接受的。

广至德章第十三

百孝图·没官赎罪

【原文】

子曰：“君子之教以孝也，非家至而日见之也。教以孝，所以敬天下之为人父者也。教以悌，所以敬天下之为人兄者也。教以臣，所以敬天下之为人君者也。”

【译文】

孔子为曾子特别解释说：“执掌政治的君子，教民行孝道，并不是亲自到人家家里去推行，也并非每天见面去教导。这里有一个根本的道理，例如以孝教民，使天下为人子的人，都知道侍奉父亲之道，那就等于孝敬天下做父亲的人了。以悌教民，使天下为人弟的人，都知道侍奉兄长之道，那就等于孝敬天下做兄长的人了。以臣下的道理教人，那就等于孝敬天下做君主的人了。”

【原文】

“《诗》云：‘恺悌君子，民之父母。’非至德，其孰能顺民如此其大者乎？”

【译文】

“《诗经·大雅·洞酌》里的话说：‘一个执政的君子，他的态度，常是和平快乐；他的德行，常是平易近人。这样他就像百姓的父母一样。’没有崇高至上的德行，怎么能使天下民心归顺到这种伟大的程度呢？”

【评析】

希望执政的人，以其实行至德的教化，感人最深，推行政治也较容易。执政者，若能利用民众自然天性，施行教化，不但人民爱他如父母，而且所有的政教措施，都容易实行了。

百孝图·母病心痛

百孝故事

天赐奇钱

宋代的都城，有一个守寡的孀妇人称吴氏，吴氏在很年轻的时候就死了丈夫，自己没有生儿育女，只有一个老婆婆和自己相依为

百孝图·天赐奇钱

命。吴氏对自己的婆婆非常孝顺，冬天的时候外面冰天雪地，她害怕婆婆睡觉的时候冷，就必定为婆婆暖好被子再请她就寝，如果没有火种就亲自用自己的身体去暖冰冷的棉被。婆婆年纪大了而且眼睛也看不见东西了，她觉得愧对吴氏，而且也觉得吴氏守寡这么多年很孤单，就想为吴氏招赘一个女婿，但是被吴氏坚决地劝止了。

此后，吴氏更加尽心伺候婆婆，自己省吃俭用、辛勤劳作，将染布养蚕挣来的钱全部拿来孝敬婆婆。对于婆婆因为年纪大了所犯下的过失极力掩饰，害怕婆婆知道后会伤心。有一次在做饭的时候，邻居将吴氏叫出去了，婆婆怕饭煮得太烂，就把饭倒在了盆子里，可是却把脏水桶误当作盆子倒了进去。吴氏看到后赶忙到邻居家去借来饭让婆婆吃，而自己却把脏水桶里的饭捞上来，用水洗过蒸熟后再吃。吴氏又念在婆婆年纪大了，需要置办后事所需的东西，但是自己又没有钱买棺材，于是就将自己所有值钱的东西典当殆尽，托邻居去置备后事。

吴氏对婆婆的孝心真可谓无微不至，好心自有好报，有一天晚上吴氏做了一个奇怪的梦，梦中有一位白衣仙女对她说："你虽然只是一个村妇，可是却如此深明大义，能将婆婆侍奉得如此周到，现在上天赐给你一枚钱币。"早上起来后，吴氏果然在床头发现了一枚钱币，过了一晚上这一枚钱币居然变成了上千枚，等吴氏用完之后又会有新的钱币源源不断地生出来，人们将其称为"子母钱"。许多年以后，吴氏在没有受任何病痛的情况下平静地死去，她所住的地方生出一股奇异香气，几个月才散去，而原来的钱币随着吴氏的去世也就消失了。

虽然"天赐奇钱"仅仅是一个美丽的传说，它的可信度自然是极低的。然而每一个善良的人心中都一个美好的愿望，那就是希望好人有好报。以德感人更能深入人心，作为一个国家的统治者利用好这种至德的教化作用，不仅仅是治国的法宝，也是对于所有的善良人的肯定，是对他们的一种褒奖，不仅容易被人接受而且会收到意想不到的效果。

刘平——求食遇贼

刘平，字公子，江苏人。王莽掌权时，他任郡吏守菑邱长，政绩显著，治理有方，因此深得百姓爱戴。王莽死后，天下大乱。刘平为了母亲的安全，就带着她逃往异乡，藏在一座深山中。

一日清晨，刘平出去为母亲找食物，遇到了一群山贼，把他抓

百孝图·求食遇贼

住并要吃他的肉。刘平毫不担心自己的安危，却挂念着还未进食的老母，并跪在地上向贼人叩头说："我今天早上出来是为了给老母亲寻找野菜充饥，如果我不回去的话，老母亲就会被活活饿死，没有人会管她的。所以，我请你们高抬贵手，先让我回去把母亲安顿好，然后，我自会回来，接受你们的处置。"其实这些所谓的山贼，无非都是一些战乱中无家可归的饥民，本不是穷凶极恶之徒，只是迫于生计才落草为寇的。他们听了刘平的诚恳话语，动了恻隐之心，于是就放他回去了。

刘平回到母亲处，给母亲吃完了东西，竟然真的信守诺言，又找到了山贼所在之处。面对他的信义和正直，山贼们都很震惊，没想到真有这样的人。于是，山贼的头领说："我们只听说古代有节烈之士，没想到今天能亲眼见到。我们怎么能吃你的肉呢？"就这样，刘平化险为夷，回家服侍母亲去了。

后来，刘平又做了官，先被推举为孝廉，又担任义郎一职。

孝心是相通的，山贼们也是父母生、父母养的，何况都是饥饿的难民，不是天生就“性恶”。所以，面对孝子刘平的孝心与信义，他们内心善的一面也被激发了。可见，“孝道”使人向善。

颜含——专意养兄

颜含，字弘都，晋代琅琊人。他的父亲颜默，曾任汝阴太守。弘都兄弟三人，长兄颜畿，次兄颜辇，颜含最小。长兄颜畿，病死入殓装棺后，当晚托梦给妻子，说他要复生，让他们给他打开棺材。第二天颜含的母亲及其他亲人都说做了相同的梦。虽然父亲反对开棺，但颜含还是劝说父亲改变态度。打开棺盖后，发现哥哥果然还有呼吸。在喂了他一个多月的稀粥后，却依然不能开口说话。母亲和兄嫂觉得没希望，也厌倦了这种无结果的伺候，只有颜含从不气馁。他摒弃了一切社交活动，亲自伺候哥哥饮食起居，足不出户 13

百孝图·专意养兄

年，直到哥哥去世。后来父母和两个兄弟也相继去世了。二嫂樊氏因疾病导致了双目失明，颜含督责家人，尽心奉养，每日亲自喂汤药。治二嫂的这种眼病，需要用蛇胆作药。他寻访了好多地方，却找不到，心急如焚。一日，颜含闭目独坐，忽然出现一个青衣童子送给他一个青囊，打开一看，正是遍寻不得的蛇胆。童子则化成青鸟飞走了。于是二嫂樊氏双目复明。从此，颜含声名大振。

颜含的初衷并不是让自己的名声大振，他对于兄嫂的孝悌之情是发自内心的，他的实际行动也证明了他品性的高尚。一个人高尚的道德和情操能够起到言传身教的作用，而这种作用的威力并不是只有当权者才拥有的！

孝经 插图版

广扬名章第十四

百孝图·涤亲溺器

【原文】

子曰："君子之事亲孝，故忠可移于君；事兄悌，故顺可移于长；居家理，故治可移于官。是以行成于内，而名立于后世矣！"

【译文】

孔子说："君子侍奉父母亲能尽孝，所以能把对父母的孝心移作对国君的忠心；侍奉兄长能尽敬，所以能把这种尽敬之心移作对前辈或上司的敬顺；在家里能处理好家务，所以会把理家的道理移到做官治理国家上来。因此说能够在家里尽孝悌之道、治理好家政的人，其名声也就会显扬于后世了。"

【评析】

这一章教人立德，立功，爱护名誉，把忠孝大道，都推行到极点。所谓"名誉是第二生命"。我国古代圣贤所讲的名誉，首推德行。德是"名之实"，君子视"无实之名"为可耻的。不像西方所讲的名誉，是纯粹的名誉，所以有名誉的人不一定有德行。有德行的人，必定有名誉。德是根本，名是果实。

百孝图·弃官寻母

百孝故事

陆绩——怀橘遗亲

陆绩是三国时期吴国人，字公纪，是当时的天文学家。他自小受父亲陆康高风亮节的熏陶，深懂忠义孝悌之道。陆绩聪明伶俐，酷爱读书，博学多识，人称“神童”，颇有名气。

6岁那年，他跟着父亲去九江拜见大名鼎鼎的袁术，一点儿也不怯场。袁术提的问题，他侃侃而谈，不卑不亢。袁术惊叹小陆绩

的才学，破例地给他赐坐，还命人端来一盘橘子。那橘子圆圆的，大大的，皮色金黄，肉肥汁多，味道极美。陆绩悄悄地往怀里塞了三个，在场的人谁也没有注意到。

百孝图·怀橘遗亲

一席长谈，袁术对小陆绩的才华非常满意。临走向主人告辞的时候，橘子由于没放平稳从他的怀里滚落到地上了。袁术开始吓了一大跳，以为那是什么“秘密武器”，待看清那不过是橘子时，不禁哈哈大笑：“你这孩子是到我家来做客的，怎么走的时候还要在怀里藏着主人的橘子啊？”陆绩不慌不忙，直视着他的眼睛，真诚地答道：“因为我母亲喜欢吃橘子，我想拿回去送给她吃。”

小陆绩振振有词，神色自若，一点儿也不显得难堪。因为在他心目中，母亲是伟大而神圣的，儿子孝顺母亲，天经地义，没什么见不得人的。袁术听后很惊讶，对这小孩另眼相看，这么小的年纪就懂得孝顺母亲，想必他将来肯定能成为一位不同凡响的人物。

果然，陆绩成年后，博学多识，通晓天文、历算，曾作《浑天图》，注《易经》，撰写《太玄经注》，官至俞林太守。

世人对孔融让梨的故事耳熟能详，但真正做到礼让的人却不多。要知道，没有父母，就没有我们的一切。凡事多想想父母，有好东西应该先给父母。不要只顾自己，不管父母。孝心不需要你大量的金钱投资，孝心不需要你无尽的物质补贴。父母在乎的正是你那一个小小的橘子，一把小小的扇子，一句简短的问候！心中有父母就是一种孝的开始，它能够延伸到你生活的每一小的细节，而这些小的细节正是构成一个人道德和名誉的基石，只有这些基石是坚实和牢靠的，一个人的名声和威望才不会是虚无的！

吉翂——代父得宥

吉翂，字彦霄，南朝梁冯翊莲勺（今陕西省）人。吉翂从小就非常孝顺。11 岁时，母亲去世，他悲伤地不吃不喝。吉翂的父亲在担任吴兴郡原乡县令时，遭到奸吏诬陷，被判死罪。吉翂当时只有 15 岁，听说了此事就去击鼓鸣冤，请求以自己的性命换回父亲的生命。梁武帝感到非常惊奇，但却认为一个孩子能有如此孝心，可能不是自己甘愿，而是有人给出的主意，于是就命廷尉蔡法度在公堂上摆满绳索刑具，厉声审问吉翂是什么人指使他这么做。吉翂回答说：“我虽年幼蒙昧，但怎么会不知道死的可怕呢？我不忍心眼看着父亲被处死，而自己却无能为力。所以能以我的性命救回父亲的命，我无怨无悔。这是我自己的主意，怎么会是别人指使的呢？”蔡法度又转变态度，诱哄他说：“皇上知道令尊无罪，也知道你是个好孩子，如果你现在反悔，你们父子都会得到赦免。”吉翂说：“谁都爱

惜自己的生命，只是我父亲按刑律被处死，如果不死一个人的话，是不符合律法的。所以想用我的死，来延缓父亲的生命。”梁武帝得知详情后，免去了他父亲的死罪。后来，丹阳尹王志要推举他为孝廉，吉翂却说：“父辱子死，理所当然。我要是因此当了孝廉，就是在做因父买名的浅薄行为，这比父亲被侮辱还要令人痛心。”因此始终没有答应。

百孝图·代父得宥

名誉很重要也很宝贵，可是如果这种名誉是拿所谓的孝行买来的，就会成为一种浅薄的行为，这种名誉对于至孝的人来说就会成为一种侮辱，因此是宁可不要的。然而也往往正是因为这种真诚和正直的个性，使至孝的人拥有了更响亮更纯粹的名誉！

乐羊子妻——自刎救姑

乐羊子妻，东汉河南人乐羊子的妻子，姓氏不详。她是一位知书达理、勤劳贤惠的好妻子，她总是帮助和辅佐丈夫力求上进，做个有抱负的人。

一天，乐羊子在路上捡到一块金饼，高兴地拿回家，妻子却没有丝毫喜悦，反而说：“有志之士不应该去拾捡别人丢掉在路边的东西，贪图不义之财，是会玷污自己的高尚品行的。”乐羊子听后很是惭愧，就把金饼扔了。

百孝图·自刎救姑

妻子常常跟乐羊子说：“你是一个七尺男子汉，要多学些有用的知识，将来好做大事，天天待在家里是开阔不了眼界、不会有什么出息的。”于是乐羊子就按照妻子的话收拾好行李出远门了。妻子虽然思念丈夫，记挂他在异乡求学的情况，但她把这份惦念埋在心底，只是每天不停地织布干活来排遣这份心情，尽全力不让丈夫牵挂自己和家人。可是刚刚过了一年，乐羊子就带着思念回来了。乐羊子妻看到久别的丈夫，先是惊喜，后来知道丈夫一无所成，则很是难过。她抓起剪刀，快步走到织布机前“咔嚓咔嚓”地把织了一大半的布都剪断了。

乐羊子吃了一惊，问道：“你这是干什么？”妻子回答说：“布是一丝一缕地织出，一寸一寸地积累而成的。现在我把它剪断了，

百孝图·梦遇慈亲

白白浪费了曾经织它的时间和精力，它永远不能恢复如初了。学习也是一样的道理，要一点点地积累知识才能成功。你现在半途而废，不愿坚持到底，不是和我剪断布一样可惜吗？”乐羊子听了这话恍然大悟，意识到自己错了，不由得羞愧不已。他再次离开家去求学，整整过了7年才终于学成而返。

乐羊子妻奉养婆婆也十分孝顺。后来，家里遭了强盗抢劫，强盗先是劫持了婆婆，并以此要挟欲侮辱乐羊子妻：“只要你答应跟我们走，我们就不伤害你，否则，先杀了你婆婆。”乐羊子妻为了保持贞节名誉，不甘受辱，拔出刀自刎而死。强盗被震惊了，慌乱之余放了婆婆，仓皇逃匿。太守知道此事后，捕杀了强盗，赐给乐羊子妻丝绢并按礼法埋葬了她。

乐羊子妻的远见和深明大义帮助了丈夫闯出一番事业，她以自己的生命挽救了婆婆，证明了自己的气节，这种坚贞不屈的气节是值得后人永远称颂的。

谏诤章第十五

百孝图·屈己从亲

【原文】

曾子曰："若夫慈爱、恭敬、安亲、扬名，则闻命矣。敢问子从父之令，可谓孝乎?"

【译文】

曾子听孔子讲过了各种孝道，就是没有讲到父亲有了过错应该怎样办，所以问道："像慈爱、恭敬、安亲、扬名这些孝道，已经听过了您的教诲，我都有所领悟。但我还想再冒昧地问一下，为人子的只要不违背父亲的命令，一味地遵从父亲的命令，就能算孝子了吗?"

【原文】

子曰："是何言与?是何言与?昔者，天子有争臣七人，虽无道，不失其天下。诸侯有争臣五人，虽无道，不失其国。大夫有争臣三人，虽无道，不失其家。士有争友，则身不离于令名。父有争子，则身不陷于不义。故当不义，则子不可以不争于父，臣不可以不争于君。故当不义则争之。从父之令，又焉得为孝乎?"

【译文】

孔子听了惊叹道："这是什么话呢?这是什么话呢?父亲的命

令，不但不能随便听从，而且还要斟酌它是否可行。例如上古时代，天子为一国之君，事务繁忙，君主如有善行，则亿兆人民蒙福；君主如有过失，则全民受难。假若有七位敢于直言相谏的贤臣，那天子虽然偶有差错，也不会失去天下。诸侯若有五位谏诤的臣下，即便自己无道，也不会失掉他的诸侯领地。卿大夫是有家的，如果有三个谏诤的臣下，那他虽然偶尔有差误，这三位贤臣，早晚进谏，陈说督促，他也不会失掉他的家。为士的，虽然是最小的官员，没有臣下可言。假若有谏诤的几位朋友，对他忠告善导、规过劝善，那他的行为自然会免犯错误，而美好的名誉，就集中在他的身上了。为父亲的，如果有明礼达义、敢于直言力争的子女，常常谏诤他、纠正他，那他是不会做错事的，自然也就不会陷于不义了。君臣与父子，是休戚相关的。所以遇见了不

百孝图·扼虎救父

应当做的事，为子女的，不可不向父亲婉言谏诤；为臣下的，不可不向君主直言谏诤。为臣子的，应当陈明是非利害，明切劝告。父亲不从，为子女的，应当婉言相劝，即使触怒了他挨打受骂，也不要怨恨。君王要是不从，为臣下的，还应当尽力进谏，即使触怒了他受到处罚，也应在所不惜。所以臣子遇见君父做了不应当做的事情，必须立即谏诤。若有的孩子，不管父亲的命令是否合理，一味地听从，那就陷亲人于不义了，他怎么还能算是个孝子呢？”

【评析】

此章之前，讲述的都是爱敬及安亲之道理，对于规劝之道理，没有提到。本章谏诤之意有双重含义，一面是对于被谏诤的君父及朋友的一种警告说：接受谏诤，不但对于本身的过失有所改正，且对于天下国家，将有重大的影响，使他知道警惕。一面是对谏诤者的臣子及友人的一种启示：即要事君尽忠，事父尽孝，对朋友尽信义，若见善不劝，见过不规，则陷君父朋友于不义，以至于遭受不测的后果，那忠孝信义，就都化归乌有了。

百孝故事

陈表——和协二母

陈武，字子烈，三国时庐江松滋（今湖北松滋县）人。他在担任偏将军的时候，与儿子陈修英勇杀敌，一同战死沙场，朝廷因此追封他为乡亭侯。他的另一个儿子陈表，是他小妾生的孩子，也做了督尉。父亲和哥哥死后，陈表的母亲不肯与陈修的母亲和睦相处。于是，陈表劝说母亲说："哥哥本来想成就一番事业，但英年早逝，所以只能由我来当家。我心里其实是很难受的。这一大家子，事务繁多，担子沉重，家庭的和睦是很重要的。所以，敬奉哥哥的母亲也是我必须做的，而且要做好，否则，别人就会说闲话。如果您希望儿子能成大事的话，就和嫡母好好相处吧。如果您做不到，那我只好搬出去住了，请恕儿子不孝！"母亲听后，深受启发，于是主动与陈修的生母言归于好。后来，陈表为国家立功，被任为偏将军，死后也被追封为乡亭侯。

百孝图·和协二母

父母的行为不一定都是正确的，一个人难免会犯错误，作为一个孝顺的子女并不代表就一定要言听计从。在他们犯糊涂的时候要耐心劝诫，做父母的哪有不希望自己的孩子好的呢？只要是委婉真诚的劝诱，每一个父母都是深明大义的。

王览——谏母护兄

王览，字符通，是后面《二十四孝》故事中王祥的异母弟弟。他的生母朱氏对王览的哥哥王祥非常刻薄，总是伺机加害。王览生性善良，同情哥哥，每当母亲鞭打哥哥时，他都要拦着母亲。如果母亲让哥哥做那些不合理的事情，他总是帮着哥哥去做，替哥哥分忧解难。哥哥王祥成家之后，王览的母亲对王祥的妻子也是百般刁难。后来王览也娶妻成家，并向妻子说明情况，于是王览的妻子也像王览帮哥哥一样，主动帮助嫂嫂干活。后来王祥努力学习，声名远扬，王览的母亲心生嫉妒，就让人偷偷地给王祥的酒中下毒。王览得知后，毅然端起酒杯要先喝下去。母亲怕自己的儿子被毒死，赶紧夺下酒杯。从此，只要王览的母亲让王祥吃饭，王览就先尝一口，这样，就打消了母亲毒死哥哥的念头。王览对哥哥有情有义，名声仅次于王祥。后来，继哥哥做官之后，王览也做了清河太守。

百孝图 · 谏母护兄

对于父母的过激行为如果劝说没有效用，就不妨用实际行动去证明你的决心。人心都是肉长的，何况是生养自己的父母呢？总有一天他们会被你的真诚所打动的！

郑均——为佣悟兄

郑均，字仲虞，东汉河北任县人，少年时喜欢黄、老学说，仗义而诚实。他的哥哥是县衙里的官吏，经常收受他人的贿赂。郑均多次劝阻兄长，丝毫不起作用，于是他就到外地去给别人做佣工。

一年之后，他把挣来的钱带回家全部交给哥哥，并对哥哥说："财物用完了，可以再挣回来；名声失去了，是永远也找不回来的。你做官吏却贪赃枉法，是会被人一辈子都瞧不起的行为，更为后世人所唾骂。哥哥你好好想想我的话有没有道理？"

哥哥听了，很受感动，终于觉醒，放弃了以前的不齿行为，重新做人，后来竟然以廉洁著称于世。哥哥去世后，郑均又悉心照顾嫂子和侄子，不敢有一点儿怠慢。人们对他的品行都称赞不已，官府知道后也特召其为官。到建初年间，他担任了尚书一职。汉章帝非常敬重他，他因病告归后，章帝东巡专门到他家，赐他终身享受尚书俸禄，当时人称他为"白衣尚书"。

孝不是一味地顺从，孝是建立在走正途的前提上。哥哥的一意孤行，郑均非但没有效法，反而常常良言相劝，最后以自己的行动来打动哥哥，使其醒悟。这种孝心孝行已经完全超越了自我，起到了引导亲人的道德取向的作用。让一个人迷途知返本身的可

执行性难度就很大，何况是自己的至亲，需要考虑到的因素和顾忌也就更多，虽然故事寥寥数语，但是其内涵的无限性是不可用言语尽表的。

百孝图·为佣悟兄

感应章第十六

【原文】

子曰："昔者明王，事父孝，故事天明；事母孝，故事地察；长幼顺，故上下治。天地明察，神明彰矣。"

【译文】

孔子说："从前，贤明的帝王侍奉父亲很孝顺，所以在祭祀天帝时能够明白上天庇覆万物的道理；侍奉母亲很孝顺，所以在社祭后土时能够明察大地孕育万物的道理；理顺处理好长幼秩序，所以对上下各层也就能够治理好。能够明察天地覆育万物的道理，神明感应其诚，就会彰明神灵、降临福瑞来保佑他。"

百孝图·扇枕温衾

【原文】

"故虽天子必有尊也，言有父也；必有先也，言有兄也。宗庙致敬，不忘亲也。修身慎行，恐辱先也。宗庙致敬，鬼神著矣。孝悌之至，通于神明，光于四海，无所不通。"

【译文】

“所以说天子的地位，就算最尊贵的了，但是还有比他更高的，这就是指天子还有父亲。天子是全民的领袖，谁能先于他呢？但是还有比他更先的，这就是指天子还有兄长。照这样的关系看来，天子不但不能自以为尊，而且还要尊其父；不但不能自以为先，还要先其兄。伯、叔、兄、弟，都是祖先的后代。天子必能推其爱敬之心，以礼相待，并追及其祖先，设立宗庙祭祀，可见其爱敬之诚。这是孝的推广，不忘亲族之意，对于祖先，也算尽了爱敬之诚。但是自身的行为，稍有差错，就要辱及祖先。所以修持其本身之道德，谨慎其做事之行为，而不敢有一点怠忽之处，恐怕万一有了差错，就会给祖先亲族蒙羞。至于本身道德无缺，人格高尚，到了宗庙致敬祖先，那祖先都是高兴地来享用，扬扬自得，就像在你身边一样保佑你。圣明之君，以孝感通神明，什么能难倒他呢？由以上的道理看来，孝悌之道，如果做到了至极的程度，对父母兄长孝敬顺从达到了极致，即可以通达于神明，光照天下，任何地方都可以感应相通。照这样治理天下，自然国泰民安，上下无怨了。”

【原文】

“《诗》云：‘镐京辟痈，自西自东，自南自北，无思不服。’”

【译文】

“《诗经·大雅·文王有声》中说：‘天下虽大，四海虽广，但是人的心理是一样的。所以文王的教化，传遍四海，只要受到文王教化的臣民，地域不分东西南北，没有不心悦诚服的，可见盛德感化之深无所不通。’”

【评析】

本章说明孝悌感通天地；孝悌感通鬼神；孝悌之至，远近幽明，无所不通；引诗作证，以证明人同此心，心同此理，天下之大，没有不通的意思。

百孝故事

阮孝绪——随鹿得参

阮孝绪，字士宗，南朝梁陈留尉氏（今河南省）人，目录学家。长年隐居，不去做官，写成目录学著作《七录》。他从小时候起，就特别喜欢学习，熟读并精通《五经》。阮孝绪小时候被过继给他的堂伯父做儿子，照理来说，他可以得到伯父遗留下来的百万家产，可是他全部给了伯父的姐姐。他还非常孝顺。有一次，他在钟山听人讲经说法，他母亲王氏在家里，忽然生了病，兄弟们就要去把他叫回来。母亲说："你们不必去叫他，孝绪有至性，心里会

百孝图·随鹿得参

有感应的，他一定能自己回来!”果然，阮孝绪觉得心惊肉跳，想到可能是母亲有病，果真回到了家里。邻居和村里的人都觉得非常奇异。医生说，他母亲的病必须用一味新鲜的人参。阮孝绪听老一辈的人说，钟山出产人参。于是，他就亲自到山里去寻找，踏遍了幽僻和危险的地方，可却一无所获。数天后，他忽然看见前面有一只鹿，他就跟着鹿走。不久，那只鹿不见了，面前则出现了母亲需要的新鲜人参。后来，他母亲的病也就痊愈了。

所谓“母子连心”，如果你真的牵挂一个人，冥冥之中就会有一种力量将两人连在一起。这种奇妙的心理现象是无法解释的。然而那种无形的力量有时却可以感动天地，产生奇迹，这就是孝产生的威力!

杨皞——神泉洗目

杨皞，元朝扶风（今陕西省扶风县）人，是一位生性至孝的大孝子。他的母亲牛氏得了重病，很难医治。杨皞没有任何办法，只得向老天祈求保佑，每天焚香膜拜，祈求母亲的病能够早日康复。可能是他的孝心感动了上天，母亲的病竟然真的奇迹般地好了。可是好景不长，母亲又双目失明，行动十分痛苦。杨皞看在眼里，急在心中，遍寻神医，可是却于事无补。一次，他不经意间听说只有太白山的神泉水能治眼疾，就二话不说地启程去往太白山了。历尽千辛万苦，终于登上了太白山，找到了神泉，并取回神泉水，每天都亲自为母亲擦洗双眼，从不间断。终于皇天不负有心人，母亲的

视力恢复了正常。

后来母亲去世了，那时家乡四处天降大雨，许多地方都被淹没了，可是却唯独杨皞母亲的墓地前后数里范围内只有乌云笼罩，却不降雨。人们对此感到很惊奇，认为这是杨皞用孝心打动了天地，他用孝心守护着母亲。

百孝图·神泉洗目

虽然故事带有某种虚构的神话色彩，在现实生活中很难找到确凿的证据，但是不可否认的是，孝心是一股无比强大的力量，它可以治愈父母心理甚至生理上的疾病。我们无需感动上天，只要在现实生活中的每一个平凡的日子里，用自己真诚的心去无私地孝敬父母就足够了！

王荐——雪天得瓜

王荐，元代福建福宁人，父亲体弱多病，而且病得很严重。王荐每天晚上都向上天祈祷，宁愿减少自己的寿命，以延续父亲的生命。父亲在病入膏肓时突然醒过来，告诉朋友说："在我生命最危险的时候，来了一位穿着黄衣服、手拿红帕子的神仙，告诉我：你的儿子非常孝顺，所以上天赐我再活十二年。"此后，父亲身体马上恢复了健康。十二年后，父亲果然去世了。后来王荐的母亲也得了奇怪的病，口干舌燥，就想吃瓜。可正值严冬，大雪纷飞，根本没有瓜可吃。王荐想尽了办法，求助乡亲也是毫无结果。他只身一人来到了深山野岭，在树下避雪的时候，想到母亲吃不到瓜病就

百孝图·雪天得瓜

不能好，心里难受，就仰天长叹，痛哭不已。忽然，他看到对面的岩石之间冒出了几根青色的枝蔓，上面结着两个鲜瓜。他高兴得拿回家供母亲食用。母亲吃后，病很快好了。

对于我们来说，感动天地是只有在故事里才会出现的美好的幻想，而感动父母才是现实迫切的需要。其实，我们的父母对子女在物质上几乎是没什么索取的。他们不仅不希望为子女增添物质上的负担，甚至还想方设法支助子女。对子女的“索取”无非是一种心灵上的慰藉，一种精神上的归属，只要子女能够心里惦记着他们，时常来看看他们，甚至报一声平安，偶尔一个拥抱，他们就满足了。

孝经

事君章第十七

百孝图·私祭木主

【原文】

子曰："君子之事上也，进思尽忠，退思补过，将顺其美，匡救其恶，故上下能相亲也。"

【译文】

孔子说："凡是有德有位的君子，他侍奉君主，有特别的优点。进前见君，他就知无不言，言无不尽，计划方略，全盘贡献，必思虑以尽其忠诚之心。既见而退了下来，他就检讨他的工作，是否有没有尽到责任？他的言行，是否有过失？必殚思竭虑来弥补他的过错。对于君王的优点，会顺应发扬；对于君王的过失缺点，会匡正补救。总之为臣子的事奉君主，以能陈善闭邪，防患未然，乃为上策。为人臣子的，如能照这样侍奉君主，君主自然洞察忠诚，以义待下，所谓君臣同德，上下一气，所以君臣关系才能够相互亲敬。"

【原文】

"《诗》云：'心乎爱矣，遐不谓矣。中心藏之，何日忘之！'"

【译文】

"《诗经·小雅·隰桑》中说：'心中充溢着爱敬的情怀，无论多么遥远，这片真诚的爱心永久藏在心中，从不会有忘记的那一天。’”

【评析】

事君尽忠，为臣爱君虽远处异地，都不忘怀。君臣到了这种程度，可谓同心同德，上下一心，社会还能不好吗？国家还能不太平吗？孝亲到了事君的阶段，这正是青年有为之时。青年人如能照孔子所指示的方法去实行，那么，不但爱敬之心尽于父母，那治国平天下的责任，都能够担在身上了。

百孝图·拾椹养亲

百孝故事

狄仁杰——望云思亲

狄仁杰，字怀英，唐朝太原人，武则天时期的宰相。他为官刚正廉明，执法不阿，兢兢业业。他曾在一年中判决了大量的积压案件，涉及一万七千人，无冤诉者，一时名声大振，成为朝野推崇备至的断案如神、摘奸除恶的大法官。

武则天非常赏识他的才干与人品，两次任命他为宰相，成为辅佐武则天掌握国家大权的左右手。他的形象不仅是在政治舞台上被

百孝图·望云思亲

树为楷模，在家庭生活中，他更是一位孝子。他的一个同僚，奉诏出使边疆之际，母亲得了重病，如果这时候离开，就无法再侍候母亲，因此心中非常痛苦。狄仁杰知道他的痛苦心情之后，特此奏请皇上改派别人。有一天他出外巡视，途中经过太行山，望着天上的白云，不由得思念起家乡的父母来。他对随从说：“我的亲人就住在那白云之下。”说着，他伤感的眼泪流了出来。直到天上的白云散去，他才离去。

自古忠孝难两全，然而对于中国人来说“忠”往往是“孝”的一种升华。舍小家为大家，这无疑是一种高尚的情操。

王纲——父忠子孝

王纲，字性常，明朝余姚（今浙江余姚）人。他文武全才，擅长鉴别和占卜。和宰相刘伯温关系很好，刘伯温把他举荐给朱元璋。他 70 岁的时候，牙齿还没掉，面色如少年，于是被朱元璋任命为兵部郎中。有一次，广东潮州少数民族造反起义，朝廷任命王纲为广东参议，去平乱安民，他带着儿子彦达一同前往。平定潮州之乱后的返程途中，遇到海寇曹真。曹真先请王纲当他的统帅，王纲拒绝，并劝曹真归顺朝廷，曹真不听，王纲就怒骂不休。多次劝说无效，曹真就把王纲杀了。王纲死后，只有16岁的彦达，也大骂海盗并求死。当海盗的刀正要砍向他时，曹真慨叹道："父忠子孝，杀了不祥。"于是，彦达用羊皮包着王纲的尸体回了家。王纲为国而死，但并没有受到朱元璋的重视和礼遇。

百孝图·父忠子孝

忠君之人未必会从统治者那里得到他应有的待遇，然而至少他无愧于自己的良心，他永远都会为自己的这种行为自豪，同时也永远会得到百姓真心的敬爱！

陶季直——抱痛染衣

陶季直，南北朝时期丹阳秣陵（今江苏省）人，祖父是广州刺史陶愍祖，父亲是中散大夫陶景仁。陶季直小时候就很聪明，祖父

百孝图·抱痛染衣

非常喜欢他。有一天，祖父把一些银子放在桌子上，让孙子们各拿一份。大家都拿了，唯独陶季直没有动。

祖父问他为什么不拿，他说："祖父赏赐东西，应该先给父亲和伯伯，轮不到我们做孙子的，所以，我不能拿。"祖父听后，简直不敢相信一个小孩子能说出这么深刻的话。一年后，他的母亲去世了，小季直十分地伤心。母亲生前，曾在外面染有衣物；母亲去世后，家人想办法把这些衣物拿了回来。小季直整天抱着这些衣物痛哭流涕，让周围的人听了都跟着伤感。长大后，他努力读书，先后做过县令、太守和太中大夫，他两袖清风、为百姓谋福利，去世时家里什么财物都没有，空空如也。

陶季直以事母之心事君，自然会毫无偏私，两袖清风、一心为民，就是他对"孝"的最佳诠释。

丧亲章第十八

【原文】

子曰："孝子之丧亲也，哭不偯，礼无容，言不文，服美不安，闻乐不乐，食旨不甘，此哀戚之情也。三日而食，教民无以死伤生，毁不灭性，此圣人之政也。丧不过三年，示民有终也。"

【译文】

孔子说："善于孝养父母的子女，父母一旦过世了，那他们的哀痛之情，无以复加。哭得气竭力衰，不再有委曲婉转的余音。举止行为失去了平时的端正礼仪，言语没有了条理文采，穿上华美的衣服就心中不安，听到美妙的音乐也不快乐，吃美味的食物不觉得好吃，这样的言行动作，都是因哀戚的关系，不由自主。耳目的娱乐，口体的奉养，自然没有快乐于心的意思。

百孝图·刻木事亲

这是做子女的因失去亲人而悲伤忧愁的表现，也是孝子哀戚真情之流露。父母去世后三天，孝子要吃东西，这是教导人民不要因失去亲人的悲哀而损伤生者的身体。哀戚之情，本来是发自于天性，假如哀戚过度，就毁伤了身体。但是不能伤害到生命，不要因过度的哀毁而灭绝人生的天性。这是圣贤君子的为人之道。守丧不过三年之礼，这就是教民行孝，有一个终止的期限。”

百孝图·顺母节哀

【原文】

“为之棺、椁、衣、衾而举之；陈其簠簋而哀戚之；擗踊哭泣，哀以送之；卜其宅兆，而安措之；为之宗庙，以鬼享之；春秋祭祀，以时思之。”

【译文】

“办丧事的时候，应该谨慎地为去世的人把衣服穿好，被褥垫好，内棺整妥，外椁套妥，把他收殓起来。之后，在灵堂前边，陈设方圆祭器，供献祭品，早晚哀戚以尽孝思。出殡的时候，先行祖饯，表示不忍亲人离去。女子抚心痛哭，男子顿足号泣，哀痛迫切地来送殡。至于安葬的墓穴，必须选择妥善的地方，幽静的环境。卜宅兆而安葬之，以表儿女爱敬的诚意。安葬以后，依其法律制度，建立家庙或宗祠。三年丧毕，移亲灵于宗庙，使亲灵有享祭的处所，以祀鬼神之礼祀之，春秋祭祀，表示生者无时不思念亡故的亲人，这是不忘亲恩的体现。”

百孝图·闻耕辍读

【原文】

“生事爱敬，死事哀戚，生民之本尽矣，死生之义备矣，孝子之事亲终矣。”

【译文】

“父母在世的时候，要用爱和敬来孝顺他们，父母去世以后，要怀着哀痛悲伤的心情料理后事，这样才算尽到了人生在世应尽的本分和义务，养生送死的礼仪都做到了，才算是完备了为人子女的孝道。”

【评析】

按孝为德之本，政教之所由生，故为生民之本。孝子生尽爱敬，死尽哀戚，生死始终，无所不尽其极。照这样的孝顺双亲，把父母抚育之恩，可算完满答报了。但是孝子报恩的心理上，仍是永无尽期的。

章溢——火未焚庐

章溢，字三益，号匡山，别号损斋，明朝浙江龙泉人。他的才华与人品深得知府秃坚不花的赏识。一次，他们在去秦中的路上，章溢突然心有余悸，内心忐忑不安，料想家中有事，就辞别秃坚不花回家。到家后不久，父亲就病逝了。在料理后事的时候，家里又遭了火灾。章溢为了保护父亲的灵柩，不顾自己的安全，在熊熊大火边叩头祈天。火被乡亲们扑灭了，没有烧到灵柩。

百孝图·火未焚庐

后来，贼寇作乱，洗劫龙泉。章溢把乡亲们组织起来保护家乡，官府也出兵追杀贼寇。可章溢却说："这些贼寇以前都是平民百姓，只因无以为生、饥饿难忍，才落草为寇的。所以，要具体情况具体分析，不能全部都杀了。"官府听了他的意见，开始贴告示，抚饥民。章溢56岁的时候，因母亲去世，悲哀过度，所以深染

疾病而逝。

双亲的去世并不代表着孝的完结。章溢对父亲去世后的奋不顾身和母亲去世后的哀伤而逝，都证明了他是一个至孝之人。虽然逝者已死生者应该节哀，但是孝子的心境又有几个人能够真正体会呢？

吴隐之——双鹤助哀

吴隐之，字处默，是晋代濮阳鄄城人。他容貌很美，善于言谈，广泛涉猎文史，以儒雅著称。他小时候就很独立，有操守，绝不吃不属于自己的饭食。虽然家里很穷，但绝不拿不义之财。在他十多岁时，父亲就去世了。他悲痛的哭声，引得路过的行人都心酸流泪。从此，他侍奉母亲更加孝顺谨慎。

百孝图·双鹤助哀

母亲去世时，他哀伤的表现甚至超出了礼制的规定，可见他的孝顺程度之高。他家里贫困，没有钱请人吹鼓，每当他哭吊母亲时，就有两只仙鹤飞来鸣叫。到母亲丧期进行祭祀的那天傍晚，又有一群大雁会集在他家附近，当时人们都以为是他的孝心感动天地所致。他家与掌管国家祭祀礼乐的太常韩康伯为邻，韩母每听到吴隐之的哭声，也跟着难过得吃不下饭，并告诫儿子：“你以后当官，一定要推举像吴隐之这样的孝子啊！”果然，韩康伯后来做了吏部尚书，就引荐吴隐之做了辅过功曹。

亲人去世的悲哀是旁人无法劝解的，也是自己无法释怀的。父母的养育之恩是做子女的一辈子也报答不完的，所以对生者尽孝、对死者尽哀，哀伤虽然无法减弱，但是遗憾却可以降到最低。

庾沙弥——先试针灸

庾沙弥，南朝时期颍川鄢陵人，晋代司空庾冰的玄孙。他的继母刘氏得了重病，卧床不起已经很久了。庾沙弥就像侍奉亲娘一样，细心照料，不分昼夜。每次在给继母针灸治病时，庾沙弥都要先在自己身上试针，以防出现意外情况。

百孝图·先试针灸

当继母病逝后，他异常伤心，好几天水浆不入口。开始只吃点大麦面糊，一百天之后，他才吃些稀饭，服丧期间他不吃盐酱。他冬天不穿棉衣服，夏天也不脱丧服，从不出家门，

日夜痛哭，邻居都不忍心听到他的哭声。他坐的草垫也被泪水浸湿而腐烂了。继母生前特别喜欢吃甘蔗，他为了纪念继母，以后就没有再吃过甘蔗。

他的孝心孝行受到了朝廷的表彰。梁武帝很欣赏他，让他做了县令，又迁官为邵陵郡王参军。后来，他的生母也去世了，他护送生母的灵柩回家乡，途中需要坐船。当船驶到江中流时，忽然刮起狂风，巨浪猛扑过来，眼看船就要翻了。庾沙弥悲痛欲绝，抱着母亲的灵柩失声痛哭。浪竟然退去了，风也停了，他们的船只安稳地驶向家乡。

死去的亲人不被遗忘想来也是一种幸福。死是对生的一种考验，只有真正的孝子才能经受住这种考验！

附录

附录一　二十四孝图

孝感动天

【原文】

〔虞〕舜，姓姚，名重华，瞽瞍之子。性至孝。父顽，母嚚，弟象傲。舜耕于历山，象为之耕，鸟为之耘，其孝感如此。陶于河滨，器不苦窳；渔于雷泽，烈风雷雨弗迷。虽竭力尽瘁，而无怨怼之心。尧闻之，使总百揆，事以九男，妻以二女。相尧二十有八载，帝遂以天下让焉。

队队耕田象，纷纷耘草禽。

嗣尧登宝位，孝感动天心。

二十四孝图·孝感动天

【译文】

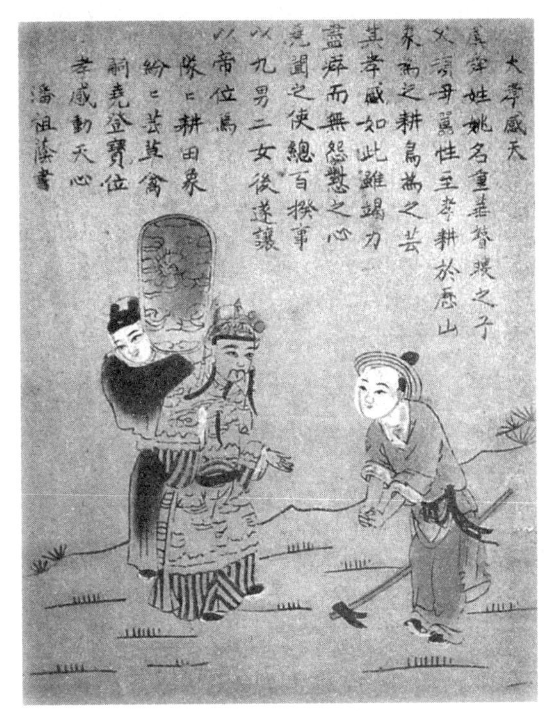

二十四孝图·孝感动天

上古时期五帝之一的虞舜，姓姚，名重华，是瞽瞍的儿子。虞舜生性非常孝顺。其父瞽瞍冥顽老实，继母嚣张愚蠢，弟弟象傲慢无理。他们都非常不喜欢舜，多次预谋想害死他，但舜非但不记恨他们，而且对继母更加孝顺，对弟弟更加友爱。他的孝行感动了天帝，他在历山耕种时，有大象替他耕地，有鸟儿代他锄草。他在黄河边上制造陶器时，所造的器皿一个都不坏；在雷泽打鱼的时候，暴风雨都不会伤害他。自己虽然辛苦劳累、竭尽全力，但是却没有任何怨言。帝王尧听说后，就率领百官去拜访他，并让自己的九个儿子去侍奉他，把两个女儿娥皇和女英嫁给他。为尧帝做了28年的宰相，最后尧将帝位禅让给了他。

【评析】

这里先要理清这样一个事实，古人在宣扬“孝道”的时候，往往出于功利的目的，即人若为“孝”，必能获取功名利禄，总观《二十四孝》的24位主人公，最后不是官居高位就是天降横财。所以这里解释为：舜之所以能登天子位，乃其孝行感动天心之故。

而作为家庭来说，亲人之间的忍让，也是维持一家人和睦相处的法宝，所以为幸福生活着想，“孝”还是必须要大力提倡的。

亲尝汤药

【原文】

〔前汉〕文帝，名恒，高祖第三子。初封代王，生母薄太后，帝奉养无怠。母病三年，帝为之目不交睫，衣不解带，汤药非口亲尝，弗进。仁孝闻天下。

仁孝临天下，巍巍冠百王。

汉庭事贤母，汤药必亲尝。

二十四孝图·亲尝汤药

【译文】

汉文帝刘恒，汉高祖第三子，一开始被封为代王。对于自己的生母薄太后，文帝一向悉心照料从不懈怠。母亲卧病三年，他常常夜不阖目、衣不解带地精心照料。母亲所服的汤药，他亲口尝过后才放心让母亲服用。他以仁孝之名，闻于天下。

【评析】

二十四孝图 · 亲尝汤药

念及亲恩，其实是无以为报的。父母对子女的关爱在范围上是无限的，父母对子女的照顾在时间上也是无限的。面对这广大而无限的“慈”，子女照顾父母，是理所应当的。

但是在现代社会，这个观念却受到了冲击，有一个调查显示，一些开放越早的城市，孝道越差。奉养老人，大多数年轻人居然觉得这个责任应该推给政府来负担。如此，怎么还可能有“目不交睫，衣不解带”的孝心呢？

孝道本是中国人固有的传统美德，我们应该好好孝顺父母，了解父母生活上的需要，让父母衣食住行没有匮乏，生老病痛有所依靠，给予心理上的慰藉和精神上的和乐，让他们以有儿女为荣，这是我们做子女应承担的责任。

啮指心痛

【原文】

〔周〕曾参，字子舆，孔子弟子，事母至孝。参尝采薪山中，家有客至，母无措，望参不还，乃啮其指。参忽心痛，负薪以归，跪问其故。母曰："有急客至，吾啮指以悟汝耳。"

母指才方啮，儿心痛不禁。

负薪归未晚，骨肉至情深。

二十四孝图·啮指心痛

【译文】

孔子的弟子曾参，字子舆，对待自己的母亲十分孝顺。他年少时家境贫寒，常上山打柴。有一天家里来了客人，母亲不知所措，曾参又不在，情急之下，就用牙咬自己的手指。曾参在山上就忽然觉得心疼，知道母亲在呼唤自己，便背着柴迅速返回家中，跪问缘故。母亲说：“有客人忽然到来，我咬手指盼你回来。”

【评析】

二十四孝图·啮指心痛

这个故事其实就是一个母子连心的一个注解。

虽然到现在都没有办法科学地证明人与人之间可以通感的现象，但人们大多相信血缘或者情感，会让一个人与另外一个人产生某种联系，所以这个故事姑且可以信。

首先，曾参告诉我们，孝是人们内心情感的真实流露，它存在于人类的自然天性之中。就是由心中的仁爱之情而自然流露出的行为，并非源于外在的约束。

其次，他把孝理解为一种柔美的思想意境，力求达到和谐完善。曾子认为和谐的情境应当是“宫中雍雍，外焉肃肃，兄弟僖僖，朋友切切，远者以貌，近者以情”，完全是一派祥和气氛。如果儿子与父母的意见或许相左，也要求孝子对于父母的言行不盲从。对的听从，不对的，则应该用委婉的方式向父母提出来。如果父母固执己见的话，子女就要更尊敬、更孝顺、更竭尽心中的诚信，不惜做出

最大的努力去争取在温暖和谐的气氛下，以自己的身体力行感悟父母。

如此“孝道”，当然是我们应该继承和发扬的。

单衣顺母

【原文】

〔周〕闵损，字子骞，孔子弟子。早丧母，父娶后母，生二子，衣以棉絮，妒损，衣以芦花。父令损御车，体寒失靷，父察知故，欲出后母。损曰：“母在一子寒，母去三子单。”母闻改悔。

闵氏有贤郎，何曾怨晚娘。

父前留母在，三子免风霜。

二十四孝图·单衣顺母

【译文】

孔子的弟子闵损，字子骞，在很小的时候母亲就去世了。他的父亲娶了后妻，后母后来又生了两个儿子。冬天到了，后母为自己的儿子做了厚厚的棉衣；而妒恨嫌弃闵损，让他穿的是单薄的芦花做成的衣服。有一天，闵损的父亲外出办事，要闵损驾车。闵损身穿芦花做的衣服无法御寒，结果一失手，驾车的辔鞍就掉了。父亲得知其中的原委之后十分恼火，当即决定把妻子赶出门去。闵损听后恳求父亲说：“母亲在的时候，只有我一个人寒冷，可是如果母亲不在的时候，家里的三个孩子就都要受凉挨饿了。”后母听到这番话深受感动，她对自己的行为感到相当后悔，以后对待闵损视如己出。

二十四孝图·单衣顺母

【评析】

在当时，如果闵损的父亲一怒之下把后妻赶走了，那么可以说，这个家庭从此以后就会天伦不再，妻离子散，这是何等悲惨。可是因为有这样一位孝子闵损，才使整个家庭为之转变，从可能沦落到悲惨境地的家庭转变为幸福温馨的家庭。这个力量只是在一念之间，这一念就是纯洁之孝，也就是每一个人心目当中都有的发自自性的

纯孝。

“母在一子寒，母去三子单。”这句话，流传千古，让后代的人都来赞美闵损的孝心孝行。如果我们也是生长在类似的家庭环境当中，我们也应该要懂得与后母好好的相处。

为亲负米

【原文】

〔周〕仲由字子路，孔子弟子。家贫，食藜藿之食，为亲负米百里之外。亲没，南游于楚，从车百乘，积粟万钟，累裀而坐，列鼎而食。乃叹曰：“虽欲食藜藿之食，为亲负米，不可得也。”

负米供旨甘，宁忘百里遥。

身荣亲已没，犹念旧劬劳。

二十四孝图·为亲负米

【译文】

二十四孝图·为亲负米

孔子的弟子仲由，字子路，为人十分孝顺。子路家里很穷，自己常常以野菜充饥。为了能让父母吃到米，不论寒风烈日，都不辞辛劳地跑到百里之外买米，再背回家。后来仲由的父母双双过世，他南下到了楚国。楚王聘他当官，一出门就有上百辆的马车跟随，每年给的俸禄非常多。所吃的饭菜很丰盛，每天山珍海味不断。然而他却感叹说：“虽然现在想要吃野菜，为父母去百里之外背米奉养他们，但是却再也没有机会了。”

【评析】

尽孝并不是用物质来衡量的，而是要看你对父母是不是发自内心的诚敬，这是不分富贵贫贱、卑微煊赫的。所以子路并没有因为物质条件好而感到欢喜，反而时常的感叹。因为他的父母已经不在了，他是多么希望父母能在世和他一起过好生活；可是父母已经不在了，即使他想再负米百里之外奉养双亲，都永远不可能了。

张爱玲说，出名要趁早。其实尽孝道更应该趁早。如果没有办法把握与父母相聚的时间来孝养他们，等到你想要来报答亲恩的时

候，为时已晚，所以说尽孝要趁早。与《双雄》里面的台词“对你爱的人说爱，永远不要太迟”相仿。而且谚语云，挠不到的痒，是大痒。所以，仲由会感叹“树欲静风不息，子欲养亲不待”。

但愿我们能在父母健在的时候，及时孝养，不要等到追悔莫及的时候，才思亲、痛亲之不在。

鹿乳奉亲

【原文】

〔周〕郯子，性至孝。父母年老，俱患双眼，思食鹿乳。郯子顺承亲意，乃衣鹿皮，去深山，入群鹿中，取鹿乳以供亲。猎者见而欲射之，郯子具以情告，乃免。

老亲思鹿乳，身挂鹿毛衣。

若不高声语，山中带箭归。

二十四孝图·鹿乳奉亲

【译文】

周朝有一个叫郯子的人，生性非常孝顺。郯子的父母年事已高，而且都患了眼疾，两位老人想要喝野鹿乳。于是，郯子就顺从父母的意愿，把鹿皮披在身上，到深山里，钻进鹿群之中，挤取鹿乳，以供奉双亲。猎人把身披鹿皮的他当作鹿了，想要射杀郯子，郯子急忙告知以实情，才幸免于难。

【评析】

我们是否熟悉这样一个情景：妈妈会不厌其烦地询问子女今天想吃什么，明天想吃什么，并排除一切阻力去准备子女们爱吃的饭菜，丝毫不考虑自己。而子女呢？除了对父母的唠叨感到厌烦外，可否想过我们的爸爸妈妈喜欢吃什么？我们喜欢吃的东西对父母的健康是否有好处？

二十四孝图·鹿乳奉亲

没有想过！几乎所有的子女都意识不到这一点，他们贪婪地享受着父母的宠爱，认为这是天经地义的。殊不知，父母也是独立的精神个体，他们有他们的生活，子女无权让父母放弃自己的生活轨迹而天天围着他们转，尽管很大程度上父母是心甘情愿的。

这个小故事给我们最大的启发就在于，在现代社会，虽然我们

的工作和生活节奏不断地加快，但不能因此而忽视父母的需要与爱好。我们的父母需要我们真诚地去了解，不能因为没有距离就没有神秘感，而对父母的需求熟视无睹。经常跟父母沟通，了解他们爱吃什么，想吃什么，能吃什么；读懂他们梦想什么，追求什么，满足什么。竭尽全力回报父母的爱，哪怕是冒生命危险也绝对值得，让父母健康开心就是最大的孝。

戏彩娱亲

【原文】

〔周〕老莱子，楚人。至孝，奉二亲，极其甘脆。行年七十，言不称老，着五彩斑斓之衣，为婴儿戏舞于亲侧。又尝取水上堂，诈跌卧地，作小儿啼，以娱亲意。

戏舞学娇痴，春风动彩衣。

双亲开口笑，喜色满庭闱。

二十四孝图·戏彩娱亲

【译文】

老莱子，楚国人。生性非常孝顺，他把最可口的食物和最好的衣物、用品，都用来供养双亲。自己已经七十多岁了，但在父母面前从来都没有提到过一个“老”字。他还常常穿上五彩斑斓的衣服，作出许多婴儿的憨态在父母的周围玩耍来逗父母开心。有一次，他挑着一担水，一步一晃地经过堂前，又故意假装摔倒，学着婴儿一样呜呜啼哭来使父母开心。

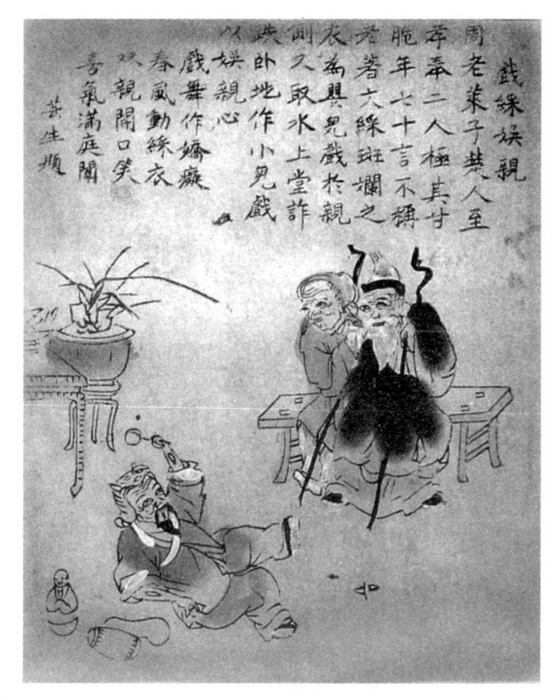

二十四孝图·戏彩娱亲

【评析】

有些子女，总视老人为负担，不愿尽赡养老人的义务，甚至巴望老人快点儿离世就好，这种思想令人倍感心寒。更有甚者，面对老父母，他们明里暗里、口口声声都是“老不死的”，这对于垂暮之年、孤单寂寞的老人，无异于扎在他们心头的尖刺。

为人子女者，正应敬爱父母，如老莱子一样，时时处处为父母营造出欢乐温馨的气氛。父母给予我们的欢乐太多了，我们没有理由不让他们笑口常开。让我们摒弃自私与冷漠，像老莱子那样，做

一个懂得体贴关怀父母的人，做一个用心去感受父母需要的人。

卖身葬父

【原文】

〔汉〕董永家贫，父死，卖身贷钱而葬。及去偿工，路遇一妇，求为永妻。俱至主家，令织布三百匹乃回。一月完成，归至槐阴会所，遂辞永而去。

二十四孝图·卖身葬父

葬父将身卖，仙姬陌上迎。
织缣偿债主，孝感动天庭。

【译文】

东汉时期一个叫董永的人，家境贫寒。父亲死后无钱安葬，他就把自己卖给一家有钱人做家奴，换回的钱用作父亲的丧葬费。董永在安葬好父亲之后，按照契约去东家上工。在路上遇到一位女子，女子主动提出要嫁给董永为妻，于是二人一起来到富人家。东家的老主人让他们夫妇二人织三百匹绢，才能让他们离开，那位女子居然一个月就织成了。夫妻归家途中，来到了当初相遇的那棵老槐树下，女子告别董永就消失不见了。

【评析】

也许有人说这是迷信了，谁还信这个？所以这样的孝行不要也罢。但是我们何不换个角度想想，所有的孝行无不是孝心的体现。正所谓心诚则灵，子女对父母的孝心即使是以一种迷信的方式体现也是不为过的。并非我们要提倡迷信，而是要提倡一种父母在，孝心在，父母不在，孝心仍在的精神。

二十四孝图·卖身葬父

孝心绝对是我们现代社会需要提倡的难能可贵的精神，因为我们的父母和子女之间的感情互动似乎已经变成单方的付出了。父母对子女的全身心投入，越来越在社会上形成一种让子女心安理得的心态，子女自然都以小皇帝小公主自居，无视自己对父母的付出。所以，我们应该学习董永卖身葬父的精神，牺牲自己的利益孝敬父母，尽自己所能孝敬父母，而不是无限制的向父母索取一切。

为母弃儿

【原文】

〔汉〕郭巨，字文举，家贫，有子三岁，母减食与之。巨谓妻曰："贫乏不能供母，子又分母之食，盍弃此子？子可再有，母不可复得。"妻不敢违。巨一日掘坑三尺余，忽见黄金一釜，金上有字云："天赐孝子郭巨黄金，官不得夺，民不得取。"

郭巨思供给，埋儿愿母存。

黄金天所赐，光彩耀寒门。

二十四孝图·为母弃儿

【译文】

汉代郭巨，子文举，家里很穷。有一个3岁的儿子，郭巨的母亲疼爱孙子，常常俭省自己的食物留给孙子吃。郭巨看到这种情况就对妻子说："我们本来就贫穷得不能供养母亲，现在儿子又去分食母亲的饭食，不如将孩子抛弃了专心供养母亲。孩子还可以再生，但是母亲如果没了就不能复得了。"妻子不敢违抗他的话。于是，郭巨就挖了一个三尺多的坑想要埋掉儿子，这时忽然看到坑里有一坛黄金，金子上写着：“这是上天赐给孝子郭巨的，官府不得收取，百姓不得抢夺。”

【评析】

看到这，肯定已经激怒了不少读者。为人子，不可令父母受苦；为人父，同样不可令儿女受罪，怎么能以牺牲孩子的生命为赡养父母的代价呢？

二十四孝图·为母弃儿

不错，郭巨的做法确实有些极端，这让我们想起了一个很老套的问题，如果你的妈妈和你的妻子同时落水，你会先救谁？是的，这也是一个令人头疼而无聊的问题。同是亲人，都很重要，如果二者的利害关系发生矛盾的话，必然是一种痛苦的抉择。但我们从故事中吸取的不是埋儿奉母的行为本身，而是其行为中折射出的一种孝道，一种至真至诚的精神实质。危难之际，首先想到的是父母，而不是子女，更不是自己，这难道不值得肯定吗？

涌泉跃鲤

【原文】

〔汉〕姜诗事母至孝，妻庞氏，奉姑尤谨。母性好饮江水，妻汲而奉之；母更嗜鱼脍，夫妇作而进之，召邻母共食。舍侧忽有涌泉，味如江水，日跃双鲤，诗取以供母。

舍侧甘泉出，一朝双鲤鱼。

子能知事母，妇更孝于姑。

二十四孝图·涌泉跃鲤

【译文】

东汉的姜诗，对待母亲十分孝顺。姜诗的妻子庞氏，侍奉婆婆尤为勤谨。婆婆喜欢喝长江水，虽然长江离他家有六七里远，庞氏也经常去取水回来给婆婆喝；婆婆又很爱吃鲤鱼，夫妻俩就常做鱼给她吃。婆婆又不愿意独自一人吃，于是他们又请来邻家的婆婆同她一起享用。后来他们的孝行感动了上天，院子旁边忽然奇迹般地喷出了泉水，品尝味道，竟然与庞氏辛苦挑回的长江水相同，而且每天还从泉水里跃出两条鲤鱼，他们就用这些鱼来供养母亲。

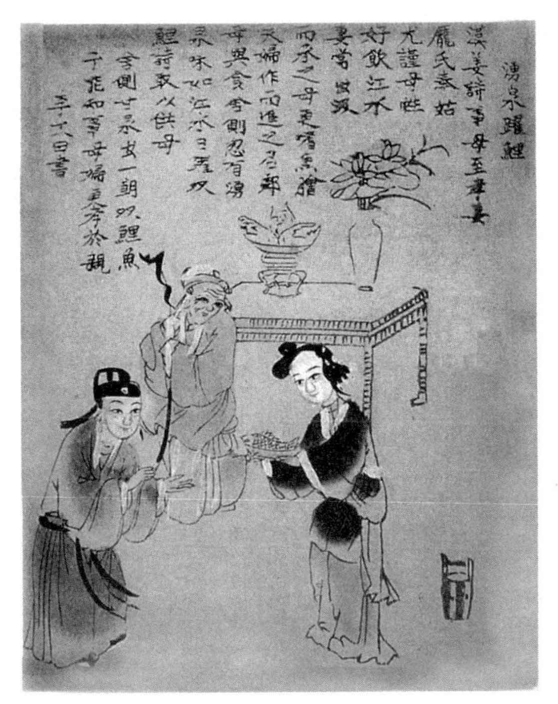

二十四孝图·涌泉跃鲤

【评析】

要儿子孝顺母亲似乎是一件很容易的事情，可是如果要儿媳妇对自己的婆婆真心相待，并且任劳任怨，恐怕就没那么容易了。即使在重男轻女、夫权至上的古代，要做到这一点也是相当不容易的。所以说，有一个孝子是福气，有一个好儿媳那就要靠运气了。很显然，姜老妇人是一个很有福气又很有运气的老人，子孝媳贤、其乐融融的晚年生活真是羡煞旁人啊！而儿子和媳妇的孝心也没有白费，终于感动了上天，出现了“涌泉跃鲤”的奇迹。要知道，发自内心的真诚感动的往往不仅仅只是普通的人，有时还包括不可琢磨的大自然！

拾葚供亲

【原文】

〔汉〕蔡顺字君仲，少孤，事母至孝。遭王莽乱，岁荒不给，拾桑葚，以异器盛之。赤眉贼见而问曰："何异乎?"顺曰："黑者奉母，赤者自食。"贼悯其孝，以白米三斗、牛蹄一只赠之。

黑葚奉萱帏，啼饥泪满衣。

赤眉知孝顺，牛米赠君归。

二十四孝图·拾葚供亲

【译文】

蔡顺字君仲，是东汉汝南人。小时候父亲就去世了，于是对自己的母亲非常孝顺。恰逢王莽之乱，烽火四起又遇到灾荒，百姓无法自给。于是蔡顺就去摘拾桑葚，他将拾来的桑葚装进不同的容器里。他的行为被起义的赤眉军看到了，他们感到很奇怪，于是就问：

“为什么要分开装呢?”蔡顺回答说：“那边黑甜的给母亲吃，这边红涩的给自己吃。”赤眉军对他的孝心很感动，又怜悯他们的处境，于是送给他三斗白米和一只牛腿。

【评析】

古人蔡顺为报答母亲的养育之恩，对待母亲的那份孝心、那份体贴入微让人感动。在这个世界上，无论伟大的或是卑微的生命，都是由父母含辛茹苦地抚养长大的，古往今来父母之爱的神圣与伟大用再多美好的词语去形容都不过分。无论我们能提供给父母的是山珍海味还是山果野菜，只要是我们用心去准备的，对于父母来说都是一样地珍贵，吃在嘴里都是一样地美味可口。

二十四孝图·拾葚供亲

孝心可以给苦涩的生活带来无限甜蜜。我们赶快行动起来，用自己的孝心去制造甜蜜吧！

刻木事亲

【原文】

〔汉〕丁兰幼丧父母，未得奉养，长而念劬劳之恩，刻木为像，事之如生。其妻久而不敬，以针戏刺其指，血出，木像见兰，眼中垂泪。因询得其情，即将妻弃之。

刻木为父母，形容在日身。

寄言诸子女，及早孝双亲。

二十四孝图·刻木事亲

【译文】

东汉的丁兰，年幼时父母早逝，没有来得及奉养他们，心中常常怀念父母的养育之恩。于是，他就将父母之像刻在木头上，如同他们活着一样去供奉。时间长了以后他的妻子开始对木像不太尊敬了，有一次就拿针去刺木像的手指，木像中居然流出血来。木像再见到丁兰的时候眼中又垂下泪水。丁兰百般追问知道了事情的真相，于是就将他的妻子休弃了。

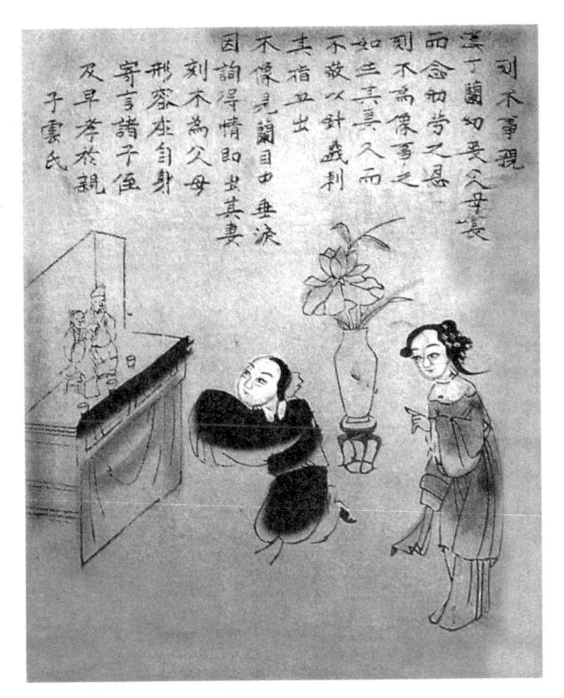

二十四孝图·刻木事亲

【评析】

如今我们做子女的，如果不趁着双亲健在的时候，多陪伴他们左右照顾聊天的话，将会更加追悔莫及。物质不丰裕不要紧，只要你真心对待父母，哪怕为他们捶捶背揉揉肩，也能给父母带来无尽的欢乐。时间不充裕不要紧，哪怕是一个电话贴心的问候，也能给父母带来无限的回味。其实我们的父母要你做的并不多，你的一个微不足道的关怀就会给他们带来莫大的满足感，就能让他们快乐好长时间，所以不要让工作忙、时间紧作为自己不能尽孝的借口。为了不再发生“子欲养而亲不待”的悲哀，让我们从现在就开始多关注自己的父母吧！

怀橘遗亲

【原文】

〔后汉〕陆绩，字公纪。年六岁，于九江见袁术。术出橘待之，绩怀橘三枚。及归拜辞，橘堕地。术曰："陆郎作宾客而怀橘乎?"绩跪答曰："吾母性之所爱，欲归以遗母。"术大奇之。

孝顺皆天性，人间六岁儿。

袖中怀绿橘，遗母事堪奇。

二十四孝图·怀橘遗亲

【译文】

三国时期的天文学家陆绩，字公纪。在他6岁的时候，他跟随父亲陆康去九江拜见袁术。袁术命人端来一盘橘子款待他。陆绩悄悄地往怀里塞了三个。临走向主人行礼告辞的时候，橘子从他的怀里掉了出来。于是袁术就问他：“你到我家来做客，怎么走的时候还要在怀里藏着主人的橘子啊？”陆绩跪在地上真诚地答道：“因为我母亲喜欢吃橘子，我想拿回去送给她吃。”袁术听后深为感动，对他非常看重。

【评析】

在中国，养育子女从某种意义上说是父母生活的全部；而相反则不然，赡养老人仅仅占子女生活很小的一个比例。父母购物时想的是自己的孩子适合哪件衣服，吃饭时想的是自己的孩子喜欢哪些菜，休闲时谈论最多的也是自己的孩子。我们做孩子的应该反思了：我们为父母做了什么呢？

二十四孝图·怀橘遗亲

世人对孔融让梨的故事耳熟能详，但真正做到礼让的人却不多。现在的人下馆子吃饭，有谁想想家里的父母吃的什么啊？逛街之际频繁为自己添置新装，有谁想想家里的父母都几年没穿过新衣服了？你要知道，没有父母，就没有我们的一切。孝心不需要你大量的金钱投资，孝心不需要你无尽的物质补贴。父母在乎的只是你那一个小小的橘子，一把小小的扇子，一句简短的问候，一声亲切的“爸”“妈”！

行佣供母

【原文】

〔后汉〕江革，字次翁。少失父，独与母居。遭乱，负母逃难。数遇贼，欲劫去，革辄泣告有老母在，贼不忍杀。转客下邳，贫穷裸跣，行佣以供母。母便身之物，莫不毕给。

负母逃危难，穷途贼犯频。

哀求俱获免，佣力以供亲。

二十四孝图·行佣供母

【译文】

东汉人江革，字次翁。江革在很小的时候父亲就过世了，自己一个人与母亲相依为命。当时正赶上战乱，母亲腿脚不灵便，江革就背着母亲逃难。路上几次遇到强盗土匪，有的盗贼想将他掳走，江革泪流满面并诚恳地对他们说自己还有老母亲无人照料，请求他们放过他。强盗看他如此孝顺，都不忍心掳走他。后来，他辗转到了江苏下邳，仍然贫穷得没有衣服和鞋穿。于是，他就去做雇工挣钱供养母亲。凡是母亲所需要的东西，没有一样是缺少的。

二十四孝图·行佣供母

【评析】

读了这个故事的第一感受是：这可是一位纯纯粹粹的孝子，亲自做母亲的交通工具不让母亲受累，宁可自己挨饿受冻也要让母亲丰衣足食，即使母亲外出也要照顾得无微不至。

有句话是说友情的，即“患难见真情”，套用到亲情上一样适用。亲情要比友情爱情更无坚不摧。在家人遭遇危险时，在家里面临难关时，这正是考验一个人“孝”的程度的时候。只要我们以一份持之以恒的责任心去迎接挑战，相信没有过不了的难关！

扇枕温衾

【原文】

〔汉〕黄香，字文强，年九岁失母，思慕惟切，乡人皆称其孝。躬执勤苦，事父尽孝。夏天暑热，扇凉其枕簟；冬天寒冷，以身暖其被席。太守刘护表而异之。

冬月温衾暖，炎天扇枕凉。

儿童知子职，千古一黄香。

【译文】

二十四孝图 · 扇枕温衾

东汉黄香，字文强，在他9岁的时候，母亲便去世了。小黄香伤心欲绝，常潸然泪下，乡里的人都称赞他的孝道。失去母亲的黄香侍奉父亲更加勤苦，全心全意地孝敬父亲。夏天酷热难当，他就每天在睡前用扇子将父亲的枕席扇凉再请父亲就寝；冬天天寒地冻，他就每天先用自己的身体将被子暖热再请父亲休息。当时的太守刘护对他大加赞赏。

【评析】

现代社会科技发达，物质丰裕，我们不需要再像黄香那样扇席暖床了，但他孝敬父母的精神是永远值得我们学习的。当夏天夜晚来临时，我们是否想到早早地开冷风让房间凉爽，父母入睡再及时地关掉冷风，以免着凉；冬天时，是否想到开暖风让父母感到丝丝暖意。仅仅需要你一个小小的举动，父母就会因为子女的细心关爱而欣慰。

行孝是天下所有做子女应该做的。当父母上年纪时，更需要精神上的关爱，如果有时间，应该经常和父母在一起，让父母感到亲情的温暖。

我们要以黄香为榜样，从身边一点一滴的小事做起，孝敬父母。

闻雷泣墓

【原文】

〔魏〕王裒，字伟元。事母至孝。母存日，性畏雷，既卒，殡葬于山林。每遇风雨闻雷，即奔墓所，拜泣告曰："裒在此，母勿惧。"隐居教授，读《诗》至"哀哀父母，生我劬劳"，遂三复流涕，后门人至废《蓼莪》之篇。

慈母怕闻雷，冰魂宿夜台。

阿香时一震，到墓绕千回。

二十四孝图·闻雷泣墓

【译文】

三国时魏国的王裒，字伟元，对自己的母亲非常孝顺。母亲还活着的时候非常害怕打雷。后来母亲去世了，葬在山林之中。每次遇到风雨天，听到天打雷的时候，他就马上跑到母亲的墓前，跪在地上哭着对母亲说："儿子在这里，母亲您千万不要害怕。"王裒隐居教学，每次读到《诗经·小雅·蓼莪》中的"可怜我的父和母，生我养我多辛苦"之句时，就会痛哭流涕不止，后来他的门人不得不废弃了《蓼莪》篇，不再让他去读。

【评析】

可见，一个人的孝心孝行，不但能够感动天地万物，更是可以作为后人最好的典范。现在我们看到这样的孝行是不是也深受感动呢？父母从小把我们拉扯长大，辛勤地照顾我们。小时候，如果生病，最着急担心的就是父母；孩子出门时，父母又会想孩子是否安全；出门办事，回到家里第一件事情，就是探望自己的孩儿是不是很好……父母的心时时刻刻都牵挂在孩子身上。想一想父母是怎样照顾我们的，那么我们今天长大成人了，就应该想到父母年纪大了，需要我们尽孝心，需要我们温暖的爱。父母健在，我们就要抓紧时机尽孝道，要好好地照顾他们；父母不在了，我们也应该在心里给他们留出一个位置，时常想想他们生前对我们说过的话、为我们做过的一切。

二十四孝图·闻雷泣墓

恣蚊饱血

【原文】

〔晋〕吴猛，年八岁，性至孝。家贫，榻无帏帐，每夏夜，任蚊多攒肤，恣渠膏血之饱，虽多不驱，恐去己而噬亲也。爱亲之心至矣。

夏夜无帷帐，蚊多不敢挥。

恣渠膏血饱，免使入亲帏。

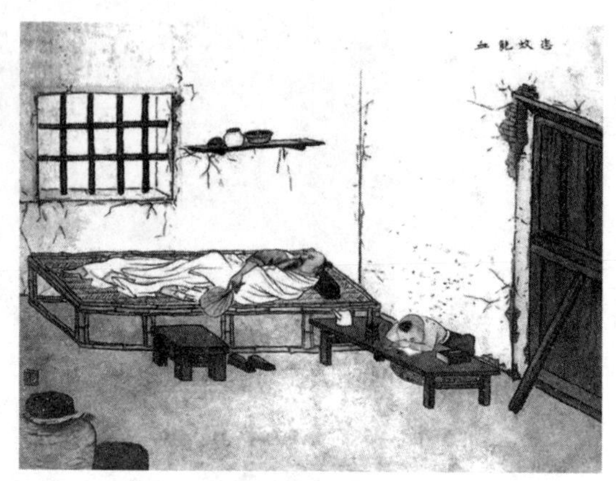

二十四孝图·恣蚊饱血

【译文】

晋朝的吴猛，在他只有 8 岁的时候，就对父母非常孝敬。那时候他家境贫寒，夏天睡觉的时候床上没有蚊帐，每逢夏夜，吴猛都要脱去衣衫任凭蚊虫叮咬、恣意吸取自己的血液，虽然蚊虫很多，但是却不驱赶他们，因为害怕赶跑它们之后再去叮咬自己的父母。关爱父母的孝心竟达到了如此的程度。

【评析】

吴猛是个多么孝敬和体贴父母的孩子啊！用自己的血肉和伤痛换来父母的安眠。小小的年纪，就这样至情，这样体贴亲意，实在是非常感人。

父母养育儿女，整天担心孩子吃不好，担心出门发生意外，可以说照顾得无微不至。尤其到炎炎夏日，父母会驱蚊虫来保护孩子细嫩的肌肤，用一切方法来赶蚊子。如果孩子撒娇，父母亲会把孩子抱在怀里搂一搂、拍一拍。在寒冬里，怕孩子半夜踢被子，母亲会多次起来照看孩子。任何一点点的伤害，父母都会感到不安和心疼。

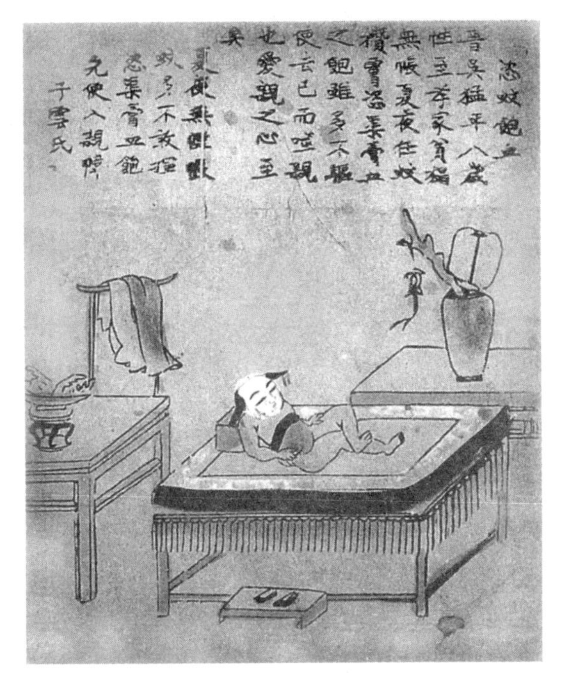

二十四孝图·恣蚊饱血

父母不计一切的辛劳，只希望孩子能在安全、温暖、保护当中茁壮成长。父母爱护自己的子女是如此的情深，那么为人子女的怎么不能像吴猛这样，为父母做一点回馈？所以说，我们一定要学习吴猛的精神，体贴父母，报答我们父母的养育疼爱之恩。

卧冰求鲤

【原文】

〔晋〕王祥，字休徵。早丧母。继母朱氏不慈，于父前数谮之，由是失爱于父。母欲食生鱼，时值冰冻，祥解衣卧冰求之，冰忽自解，双鲤跃出，持归供母。

继母人间有，王祥天下无。

至今河冰上，一片卧冰模。

二十四孝图·卧冰求鲤

【译文】

晋朝的王祥，字休徵。王祥年少的时候母亲就过世了。他的继母姓朱很不仁慈，屡次在他父亲面前说王祥的坏话，破坏他们的父子关系。于是王祥失去了父亲的关爱。后母朱氏想要吃新鲜的活鱼，所以就命王祥去抓鱼。当时时值严冬，所有的江河全部都冻结了。于是王祥脱掉自己的衣服，用体温想使冰融化出一个洞。这个时候，冰突然自己裂开，两条鲤鱼跃了出来，王祥就拿回家烹调好给母亲吃。

【评析】

一个人在如此的环境中，是什么力量能支撑他这样生活下去？这是值得我们省思的。其实，也没有什么力量，唯有一个“孝”字就可以产生如此大的力量。所以王祥即使面对这么恶劣的环境，他依然能安然地度过。

王祥他有一颗至诚的孝心，实在是非常难能可贵。后母在王祥如此的孝敬之下，也很惭愧，最终受到了感化，对王祥也同亲生儿子一般对待了。

王祥的孝，识大体，明事理。他这种为了家庭和睦的大局而甘心自己受屈，最终用一颗真诚的孝心化解了家庭矛盾的行为是值得我们借鉴的。

扼虎救父

【原文】

〔晋〕杨香，年十四岁，随父丰往田中获粟，父为虎曳去。时香手无寸铁，惟知有父而不知有身，踊跃向前，扼持虎颈，虎磨牙而逝。父因得免于害。

深山逢白额，努力搏腥风。

父子俱无恙，脱身馋口中。

【译文】

晋朝的杨香，年仅 14 岁，曾经有一次跟随父亲去农田里收米，父亲被老虎叼走了。当时杨香手无寸铁，一心只想父亲的安危而忘记了自己的生死，于是奋不顾身地冲上前去，死死地扼住老虎的脖子。老虎受到惊吓逃跑了，父亲因此才免于被害。

【评析】

这则故事同样让人喟叹不已。杨香的父亲被老虎叼去，摆在他面前的只有两条路：一条是不管父亲，自己拔腿逃命；另一条就是赤手空拳地与老虎搏斗。对于年仅 14 岁的孩子来说，选择后者显然

二十四孝图 · 扼虎救父

不自量力，可以说几乎没有生还的希望。但杨香不仅勇敢地留下来，还不可思议地救出了父亲。

当时杨香手无寸铁，身边没有任何武器可以用来对付老虎，但是他的心里只想着父亲的安危，完全忘了自身的生命危险。杨香虽然还是个孩子，但孝心激发的强大力量，却也使得老虎受不了疼痛，张口丢下咬着的人，丧气地逃走了。

爱的力量是伟大的，亘古如斯，即使愈来愈发达的现代文明社会和遥远的将来亦会如此。父母对子女的爱为舐犊之情，而子女对父母的爱以道德的形式体现便是孝。

这个故事深深打动着我们每一个人。当自己的家人遭遇危险时，我们应该奋不顾身地去全力相救。危险可以考验一个人的道德素质，危险可以激发一个人的潜在能力。不要害怕危险，要去正视危险，战胜危险，孝心会导致奇迹的出现！

哭竹生笋

【原文】

〔吴〕孟宗字恭武，少丧父，母老疾笃，冬月思笋煮羹食。宗无计可得，乃往竹林，抱竹而哭。孝感天地，须臾地裂，出笋数茎，持归作羹奉母，食毕疾愈。

泪滴朔风寒，萧萧竹数竿。

须臾冬笋出，天意报平安。

二十四孝图·哭竹生笋

【译文】

三国时的孟宗，字恭武。很小的时候父亲便去世了，母亲上了年纪而且患有重病，有一年冬天母亲很想吃鲜竹笋汤。孟宗根本没有办法获得鲜竹笋，于是只好跑到竹林中去，抱着竹子痛哭。他的

孝心感动了天地，突然间大地裂开了，从中长出好多新鲜的竹笋。他高兴地拿着竹笋回到家，为母亲做出可口的鲜笋汤，母亲吃了之后马上就痊愈了。

二十四孝图·哭竹生笋

【评析】

对于我们来说，感动天地是只有在故事里才会出现的美好幻想，而感动父母才是现实迫切的需要。其实，我们的父母对子女在物质上几乎是没什么索取的。他们不仅不希望为子女增添物质上的负担，甚至还想方设法支助子女。对子女的“索取”无非是一种心灵上的慰藉，一种精神上的归属，只要子女能够心里惦记着他们，时常来看看他们，甚至报一声平安，偶尔一个拥抱，他们就满足了。

那么你好好想想，这些简单的小事，你做到了吗？

尝粪忧心

【原文】

〔南齐〕庚黔娄，为孱陵令，到任未旬日，忽心惊汗流，即弃官归。时父疾始二日，医云欲知瘥剧，但尝粪苦则佳。娄尝之甜，心甚忧，至夕，稽颡北辰，求身代父死。

到县未旬日，椿庭遘疾深。

愿将身代死，北望起忧心。

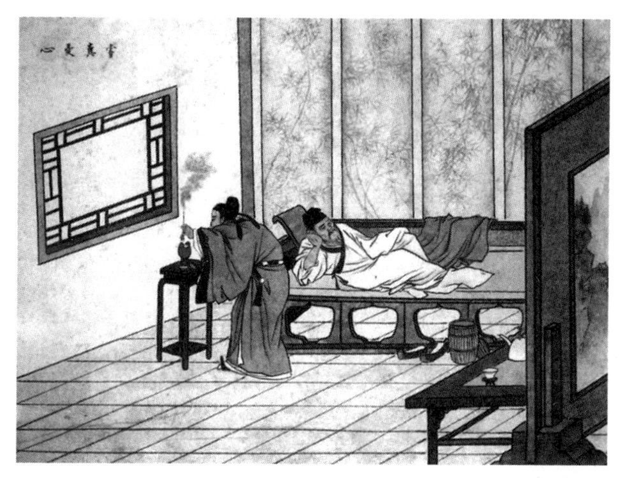

二十四孝图·尝粪忧心

【译文】

南北朝时的庾黔娄，字子贞。在他作孱陵县令的时候，刚刚上任没有几天，一日突然就觉得心惊肉跳、直冒冷汗，于是马上辞官回家。回到家中果然看到父亲已经病了两天了，医生对他说："想要

知道病情的严重与否，就要尝尝你父亲粪便的味道如何，如果是苦涩的就没有大碍。”黔娄毫不犹豫地拿起父亲的粪便品尝，结果味道发甜，于是心中更加担忧。到了晚上，就向着北斗七星磕头祈求，希望能以他自己的身体代替父亲承担病痛，希望以他的生命来换父亲的生命。

二十四孝图·尝粪忧心

【评析】

黔娄因心惊肉跳便赶快回家看望父亲，可以放弃官职，完全抛弃名利，一点儿都不留恋。这是一般人无法做到的，可见黔娄对父亲的孝敬何其深。

过去医疗不发达，所以任何化验的工作都要亲自去做。现在我们可以借用高科技来化验，不用那样了。但是父母对于我们恩重如山，我们欲报之情、欲报之恩，是永远没有办法报尽的。孝是天之经、地之义，孝敬自己的父母是理所当然，是为人子女所必须要去做的事。

如果没有父母给你生命，如果没有父母谆谆教诲，就不会有你的功名利禄。所以属于你的一切其实都是源于父母的，那你用这些东西去换父母的健康安乐其实是毋庸置疑的。当工作与照顾老人成为一对矛盾时，应该怎么选择，相信每个人心中都很明白。

乳姑不怠

【原文】

〔唐〕崔山南，曾祖母长孙夫人，年高无齿。祖母唐夫人，每日栉洗，升堂乳其姑。姑不粒食，数年而康。一日病笃，长少咸集，曰：“无以报新妇恩，愿汝子孙妇亦如新妇之孝敬。”

孝敬崔家妇，乳姑晨盥梳。

此恩无以报，愿得子孙如。

二十四孝图·乳姑不怠

【译文】

唐代崔山南的曾祖母，称为长孙夫人。长孙夫人年纪大了，牙齿已经掉光。崔南山的祖母唐夫人，每天盥洗后，都到堂上用自己

二十四孝图·乳姑不怠

的乳汁喂养婆婆，因此长孙夫人虽然数年不进饭食，但是身体依然很健康。有一天长孙夫人患了重病，于是她把全家老小召集在一起，对着大家宣布说：“媳妇的恩德我无以报答，但愿子孙的媳妇们也像你孝敬我一样孝敬你就足够了。”

【评析】

这是一个四代同堂的大家庭，作为崔山南的祖母崔唐氏，在这个家庭中已属尊长之辈了。但她对自己的婆婆，仍如孝子贤孙一样。她的孝行不但使婆婆长孙夫人长寿，也为自己的子孙作出了孝敬老人的榜样。她的后代子孙即使发达显贵，仍对她和其他长辈非常孝顺，这就是以身作则的善果。所以后人有诗道：“孝顺还生孝顺子，忤逆还生忤逆儿。不信但看檐前雨，点点滴滴不差移。”

俗言道：“一代人做给一代人看”，在孝道上，以身作则，弥足重要，长辈的孝行就是晚辈的楷模。“以德服人”自然就能达到“上行下效”的良好效果！

弃官寻母

【原文】

〔宋〕朱寿昌年七岁，生母刘氏为嫡母所妒，出嫁，母子不相见者五十年。神宗朝弃官入秦，与家人诀誓，不见母不复还，行次同州得之。时母七十余。

七岁离生母，参商五十年。

一朝相见面，喜气动皇天。

二十四孝图 · 弃官寻母

【译文】

宋代的朱寿昌，在他 7 岁的时候，自己的亲生母亲被正室的嫡母所嫉妒，于是又改嫁了别人。他们母子不能相见已经有 50 年的时间了。在宋神宗的时候，为了寻找母亲，朱寿昌辞官来到陕西，和自己的家人诀别，说道："如果找不到母亲，就发誓不回来。"后来

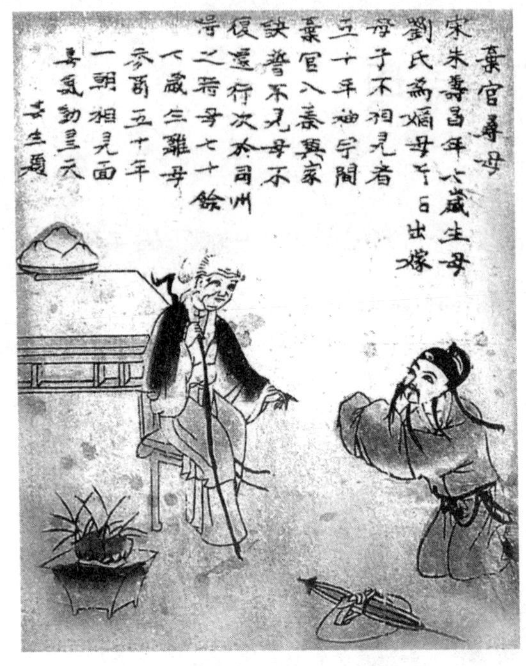

二十四孝图·弃官寻母

经过长途跋涉来到同州这个地方，在这里他终于找到了自己的母亲。这个时候母亲已经70多岁了。

【评析】

朱寿昌与母亲分离长达50多年，在如此漫长的岁月中，能始终保持对母亲的孝思不变，实为赤诚孝心的真情流露。谚云："孝感天地"，朱寿昌母亲50年下落不明，到最后，靠朱寿昌坚定的寻母誓愿和毅然辞官、不畏艰困的找寻，终能骨肉团圆，力尽孝道，是多么令人感动。

与朱寿昌相比，我们这些为人子女者，能有服侍孝养父母的机会是何等的幸运！把握住在父母身边的日子，用心尽孝，莫让"子欲养而亲不待"的痛苦和悔恨啃噬自心。

涤亲溺器

【原文】

〔宋〕黄庭坚，字鲁直，号山谷，元佑中为太史。性至孝，身虽贵显，奉母尽诚。每夕为亲涤溺器，无一刻不供子职。

贵显闻天下，平生事孝亲。

不辞常涤溺，焉用婢生嗔。

【译文】

宋代的黄庭坚，字鲁直，号山谷，在北宋元祐年间任太史一职。大书法家文学家。他生性十分孝顺，虽然自己身份显贵，但是侍奉自己的母亲却非常勤谨至诚。每天晚上，黄庭坚都要为自己的母亲亲自清洗便桶，没有一刻不尽到作为人子应尽的责任的。

【评析】

黄庭坚孝顺母亲，不是虚构的传说，而是真正的事实。他的密友苏东坡向当朝举荐黄庭坚的文章中说，黄庭坚“瑰琦之文，妙绝当世。孝友之行，追配古人”。

二十四孝图·涤亲溺器

孝顺不是口号，也不是形式，而是一种实际的行动，是一种实实在在的内容。黄庭坚能够持之以恒地坚持为母亲洗涮便桶而毫无怨言，是足以引起我们警醒的。

当然，现在的便桶都升级为冲水便桶了，也不用天天洗涮。但是，假如父母行动不便，依然需要使用原始的便桶，你

会始终如一地坚持照顾他们吗？对父母的爱是人的天性，是发自内心的，这种感情应该体现在日常的行动上，真正让父母生活得舒适。

看过一则广告，一个小孩子目睹自己的妈妈每天都亲自为老人洗脚的情景，于是他也效仿，在妈妈劳累了一天后，用自己弱小的双手给妈妈端来了一大盆洗脚水。孝心孝行是代代相传的，我们对父母尽孝，也是对子女的一种言传身教，将来我们也必然会得到子女的孝顺。

附录二　劝孝歌

孝为百行首，诗书不胜录。
富贵与贫贱，俱可追芳躅。
若不尽孝道，何以分人畜。
我今述俚言，为汝效忠告。
百骸未成人，十月怀母腹。
渴饮母之血，饥食母之肉。
儿身将欲生，母身如在狱。
惟恐生产时，身为鬼眷属。
一旦见儿面，母喜命再续。
一种诚求心，日夜勤抚鞠。
母卧湿簟席，儿眠干褥茵。
儿睡正安稳，母不敢伸缩。
儿秽不嫌臭，儿病甘心赎。
横簪与倒冠，不暇思沐浴。
儿若能步履，举步虑颠覆。
儿若能饮食，省口恣所欲。
乳哺经三年，汗血耗千斛。
劬劳辛苦尽，儿至十五六。
性气渐刚强，行止难拘束。
衣食父经营，礼义父教育。

单衣顺亲

专望子成人，延师课诵读。
慧敏恐疲劳，愚怠忧碌碌。
有善先表暴，有过常掩护。
子出未归来，倚门继以烛。
儿行十里程，亲心千里逐。
儿长欲成婚，为访闺门淑。
媒妁费金钱，钗钏捐布粟。
一日媳入门，孝思遂衰薄。
父母面如土，妻子颜如玉。
亲责反睁眸，妻詈不为辱。
母披旧衫裙，妻着新罗绸。
父母或鳏寡，为儿守孤独，
父虑后母虐，鸾胶不再续；
母虑孤儿苦，孀帏忍寂寞。
身长不知恩，糕饵先儿属。
健不视哽噎，病不知伸缩。
衣裳或单寒，衾裯失温燠。
风烛忽垂危，兄弟分财谷。
不思创业艰，唯道遗资薄。
忘却本与源，不念风与木。
烝尝亦虚文，宅兆可时卜？
人不孝其亲，不如禽与畜。
慈乌尚反哺，羔羊犹跪足。
人不孝其亲，不如草与木。

访丁公藤

孝竹体寒暑，慈枝顾本末。
劝尔为人子，孝经须勤读。
王祥卧寒冰，孟宗哭枯竹。
蔡顺拾桑葚，贼为奉母粟。
杨香拯父危，虎不敢肆毒。
伯俞常泣杖，平仲身自鬻。
江革甘行佣，丁兰悲刻木。
如何今世人，不效古风俗？
何不思此身，形体谁养育？
何不思此身，德行谁式榖？
何不思此身，家业谁给足？
父母即天地，罔极难报复。
亲恩说不尽，略举粗与俗。
闻歌憬然悟，省得悲莪蓼。
勿以不孝首，枉戴人间屋。
勿以不孝身，枉着人间服。
勿以不孝口，枉食人间谷。
天地虽广大，难容忤逆族。
及早悔前非，莫待天诛戮。
万善孝为先，信奉添福禄。

和协二母

附录三　劝报亲恩篇

（一）

天地重孝孝当先，
一个孝字全家安。
为人须当孝父母，
孝顺父母如敬天。
孝子能把父母孝，
下辈孝儿照样传。
自古忠臣多孝子，
君选贤臣举孝廉。
要问如何把亲孝，
孝亲不止在吃穿。
孝亲不教亲生气，
爱亲敬亲孝乃全。
可惜人多不知孝，
怎知孝能感动天。
福禄皆因孝字得，
天将孝子另眼观。

绝意婚宦

孝子贫穷终能好，
不孝虽富难平安。
诸事不顺因不孝，
回心复孝天理还。
孝贵心诚无他妙，
孝字不分女共男。
男儿尽孝须和悦，
妇女尽孝多耐烦。
爹娘面前能尽孝，
尽孝才是好儿男。
翁婆身上能尽孝，
又落孝来又落贤。
和睦兄弟就是孝，
这孝叫作顺气丸。
和睦妯娌就是孝，
这孝家中大小欢。
男有百行首重孝，
孝字本是百行原。
女得淑名先学孝，
三从四德孝为先。
孝字传家孝是宝，
孝字门高孝路宽。
能孝何在贫和富，
量力尽心孝不难。

哭竹生笋

富孝鼎烹能致养，
贫孝菽水可承欢。
富孝孝中有乐趣，
贫孝孝中有吉缘。
富孝瑞气满潭府，
贫孝祥光透清天。
孝从难处见真孝，
孝心不容一时宽。
赶紧孝来孝孝孝，
亲山我孝寿山天。
亲在当孝不知孝，
亲殁知孝孝难全。
生前尽孝亲心悦，
死后尽孝子心酸。
孝经孝文把孝劝，
孝父孝母孝祖先。
为人能把祖先孝，
这孝能使子孙贤。
贤孝子孙钱难买，
着孝买来不用钱。
孝字正心心能正，
孝字修身身能端。
孝字齐家家能好，
孝字治国国能安。

卖身葬父

天下儿孙尽学孝，
一孝就是太平年。
戒淫戒赌都是孝，
孝子成材亲心欢。
戒杀放生都是孝，
能积亲寿孝通天。
惜谷惜字都是孝，
能积亲福孝非凡。
真为心善是真孝，
万善都在孝里边。
孝子行孝有神护，
为人不孝祸无边。
孝子在世声价重，
孝子去世万古传。
此篇句句不离孝，
离孝人伦难周全。
念得十遍千个孝，
消灾免难百孝篇。

母病心痛

（二）

人生五伦孝当先，
自古孝为百行原。
世上唯有孝字大，
孝顺父母为一端。

欲知孝道有何尽，
听我仔细对你言。
好饭先尽爹娘用，
好衣先尽父母穿。
穷苦莫教爹娘受，
忧愁莫教父母担。
出入扶持须谨慎，
朝夕伺候莫厌烦。
爹娘都调勿违阻，
吩咐言语记心间。
呼唤应声不敢慢，
诚心敬意面带欢。
大小事情须禀命，
禀命再行莫自专。
时时体贴爹娘意，
莫教爹娘心挂牵。
宝局钱场我休往，
花街柳巷莫游玩。
保身惜命防灾病，
酒色财气不可贪。
为非作歹损阴德，
惹骂爹娘心怎安。
是耕是读是买卖，
安分守己就是贤。

亲尝汤药

每日清晨来相问，
冷热好歹问一番。
到晚莫往旁处去，
奉待爹娘好安眠。
夏天爹娘要凉快，
冬天宜暖不宜寒。
爹娘一日三顿饭，
三顿茶饭留心观。
恐怕饮食失调养，
有了灾病后悔难。
老人食物宜软烂，
冷硬切莫往上端。
富家酒肉常不断，
贫家量力进肥甘。
但愿自己受委屈，
莫教爹娘有艰难。
莫重财帛轻父母，
莫受挑唆听妻言。
为人诚心把孝尽，
才算世间好儿男。
万一爹娘有了过，
恐怕别人笑嗤咱。
委曲婉转来相劝，
比东说西莫直言。

屈己从亲

爹娘若是顾闺女，
莫与姊妹结仇冤。
爹娘若是偏兄弟，
想是咱身有不贤。
双全父母容易孝，
孤寡父母孝难全。
白日冷清常沉闷，
黑夜凄凉形影单。
亲儿亲娘容易孝，
唯有继母孝更难。
继母若是性子暴，
柔声下气多耐烦。
对人总说爹娘好，
受屈头上有青天。
有时爹娘身得病，
谨慎调养莫等闲。
煎汤熬药须亲手，
不可一日离床前。
病重神前去祷告，
许愿唯有善书篇。
尽心竭力来侍奉，
日莫辞劳夜莫眠。
休说自已劳苦大，
爹娘劳苦更在先。

啮指心痛

人子一日长一日，
爹娘一年老一年。
劝人及时把孝尽，
兄弟虽多不可扳。
若待父母去世后，
想着尽孝难上难。
总有猪羊灵前供，
爹娘何曾到嘴边。
不如活着吃一口，
粗茶淡饭也香甜。

即遭不幸出丧事，
不可鼓乐闹喧天。
不尚虚文只哀恸，
要紧预备好衣棺。
丧葬之后孝再行，
按节祭扫把坟添。
兄弟姐妹要亲爱，
亲爱兄妹九泉安。
生前死后孝尽到，
为人一生大事完。
试看古来行孝者，
荣华富贵福绵绵。
你看忤逆不孝顺，
送到大堂板子扇。

扇枕温衾

此篇劝孝逢知己，
趁早行孝莫迟延。

（三）

从来亲恩报当先，
说起亲恩大如天。
要知父母恩情大，
听我从头说一番。
十月怀胎担惊怕，
临产就是生死关。
一生九死脱过去，
三年乳哺受熬煎。
生来不能吃东西，
食娘血脉充饭餐。
白天揣着把活做，
到晚怀里揽着眠。
左边尿湿放右边，
右边尿湿放左边。
左右二边全湿尽，
将儿放在胸膛间。
偎干就湿身受苦，
抓屎抓尿也不嫌。
孩子醒了她不睡，
敞着被窝任意玩。

外国归养

总然自己有点病，
怕冷也难避风寒。
孩子睡着怕他醒，
不敢翻身常露肩。
夏天结记蚊子咬，
白天又怕蝇子餐。
又怕有人来惊动，
惊得强醒不耐烦。
孩子欢喜娘也喜，
孩子啼哭娘不安。
这么拍来那么哄，
亲亲吻吻有耐烦。
手里攀着怀中抱，
掌上明珠是一般。
娘给梳头娘洗脸，
穿表曲顺小肘弯。
小裤小袄忙里做，
冬日棉来夏日单。
不会吃饭慢慢喂，
唯恐儿女受饥寒。
结记冷来结记热，
孩儿不觉只贪玩。
长大成人往回想，
恩情难报这三年。

万里寻兄

富家养儿还容易，
贫家养儿更是难。
无有烧烟无有米，
儿女啼饥娘心酸。
万般出于无其奈，
娘就忍饥也心甘。
冬天做件破棉袄，
自己冻着尽儿穿。
娘为孩儿受冻饿，
孩子小时不知难。
长大成人往回想，
无有爹娘谁可怜？
有时发热出痘疹，
吓得爹娘心胆寒。
寻找医生求人看，
煎汤熬药祷告天。
恨不能够替儿病，
吃饭不饱睡不眠。
多咎孩子好伶俐，
这才昼夜能安然。
三岁两岁才学走，
恐有跌磕落伤残。
五岁六岁离怀跑，
任意在外跑着玩。

为佣悟兄

一时不见儿的面，
眼跳心慌坐不安。
东家寻来西家找，
怕是有人欺负咱。
结计狗咬并车轧，
只怕寻河到井边。
父母爱儿无有了，
想想爹娘那一番。
小篇不过说不意，
千言万语说不全。
十岁八岁快成人，
送到南学读书文。
笔墨纸张不惜费，
束脩摊派不辞贫。
三顿饱饭供给你，
衣裳穿个干净新。
家中有活不教做，
给奖为儿自辛勤。
结计学生合格气，
又怕先生怒气嗔。
结计孩子身受苦，
又怕到大不如人。
儿在南学把书念，
那知爹娘常挂心。

闻雷泣墓

十四五六成大人，
便要与儿提婚姻。
托个媒人当月老，
访求淑女配成婚。
纳采行聘都情愿，
钗环首饰费金银。
择个吉日将过事，
逐日忙忙操碎心。
油门油窗顶棚绑，
洞房裱糊一色新。
时样缨帽买一顶，
可体袍褂做一身。
鼓乐喧天门前闹，
摆席候客忙煞人。
说的本是富家主，
再说贫家父母心。
少吃缺穿难度日，
一心给儿把妻寻。
借钱使礼也愿娶，
千方百计娶进门。
娶个好的是福气，
若是不贤是祸根。
枕边挑唆几句话，
当下儿子变了心。

卧冰求鲤

媳妇好比珠宝玉，
父母如同陌路人。
待上二年生下子，
更忘爹娘把儿亲。
何人与你把妻娶？
何人与你过的门？
花费银钱是哪个？
操心劳力是何人？
拍拍胸膛仔细想，
孰轻孰重孰为尊？
养儿就是防备老，
儿大不知报娘恩。
没有爹娘生下你，
世上怎有你这身？
没有爹娘养你大，
怎在世间成为人？
为儿若把爹娘忘，
好比花木烂了根。
如果不把亲恩报，
扬头竖脑为何人？
不孝之人世上有，
天打雷劈也是真。
为儿若有别的意，
指望劝人动动心。

孝感动天

如若你把亲恩报，
自己定出好儿孙。

（四）

奉劝世人你是听，
五伦之内有弟兄。
为人在世兄爱弟，
在世为人弟敬兄。
三人哭活紫荆树，
于今成神在天宫。
桃园结义是异姓，
何况同父同母生？
同母固然是兄弟，
两母兄弟一般同。
莫因嫡庶分彼此，
弄得兄弟反制争。
莫因前事生疑忌，
闹得兄弟伤真情。
莫因妯娌不和气，
兄弟参商各西东。
莫因奴仆传闲话，
兄弟界墙把气生。
倘若哥哥性子暴，
不过忍些肚里疼。

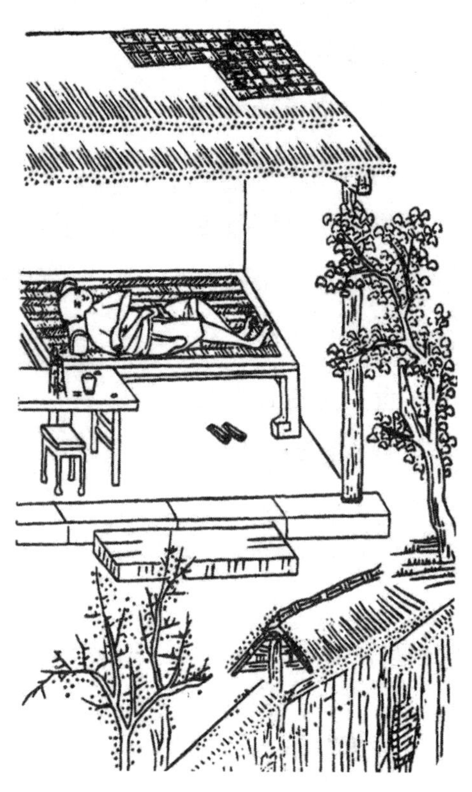

恣蚊饱血

为弟若是不说理，
宽宏大量把他容。
牛宏待着他弟好，
身居相位显大功。
彦霄待着他哥好，
父子同榜把官封。
兄好弟好有好报，
许多古人能说清。

沈仁沈义兄弟俩，
二人俱是翰林公。
因为家产犯争执，
不念兄弟手足情。
一齐上控到抚宪，
抚宪广劝不动刑。
五伦五常对他讲，
飞禽走兽比给听。
比东说西劝一遍，
兄弟二人放悲声。
大堂以上哭一抱，
越思越想越伤情。
翰林院里为学士，
反把手足情看轻。
兄弟回家成义气，
后来俱齐把官升。

幼通孝经

兄弟和好能得好，
老天最重这一宗。
兄弟和睦爹娘悦，
就是外人也尊敬。
兄弟和睦是榜样，
眼看儿孙又弟兄。
兄宽弟忍听我劝，
和气致祥福禄增。

（五）

父母恩情深似海，
人生莫忘父母恩。
生儿育女循环理，
世代相传自古今。
为人子女要孝顺，
不孝之人罪逆天。
家贫才能出孝子，
鸟兽尚知哺育恩。
父子原是骨肉亲，
爹娘不敬敬何人？
养育之恩不图报，
望子成龙白费心。

遭谗不辩

参考文献

[1](汉)司马迁. 史记. 卷六十七[M]. 北京:中华书局,1959.

[2]李然,杨君. 二十四孝图说[M]. 上海:上海大学出版社,2006.

[3]汪受宽. 孝经译注[M]. 上海:上海古籍出版社,2004.